I0069598

Nouvelle Collection scientifique

Directeur : Émile Borel

L'Évolution de l'Électrochimie

PAR

W. OSTWALD
Professeur à l'Université de Leipzig.

TRADUIT DE L'ALLEMAND

Par **E. PHILIPPI**, Licencié ès sciences.

LIBRAIRIE FÉLIX ALCAN

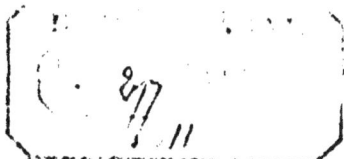

Nouvelle Collection scientifique
Directeur : Émile Borel

L'Évolution de l'Électrochimie

PAR

W. OSTWALD
Professeur à l'Université de Leipzig.

TRADUIT DE L'ALLEMAND

Par **E. PHILIPPI**, Licencié ès sciences.

LIBRAIRIE FÉLIX ALCAN

L'Évolution

de

l'Électrochimie

NOUVELLE COLLECTION SCIENTIFIQUE

Directeur : ÉMILE BOREL

Volumes in-16 à 3 fr. 50 l'un.

De la Méthode dans les Sciences. *Première Série.* Par MM. P.-F. Thomas, prof. de philosophie au lycée Hoche. Emile Picard, de l'Institut. J. Tannery, de l'Institut. P. Painlevé, de l'Institut. Bouasse, prof. à la Faculté des Sciences de Toulouse. Job, prof. au Conservatoire des Arts et Métiers. A. Giard, de l'Institut. F. Le Dantec, chargé de cours à la Sorbonne. Pierre Delbet, prof. à la Faculté de Médecine de Paris. Th. Ribot, de l'Institut. Durkheim, prof. à la Sorbonne. Lévy-Bruhl, prof. à la Sorbonne. G. Monod, de l'Institut. 2e édit. 1 vol. in-16 . . . . . 3 fr. 50

De la Méthode dans les Sciences. *Deuxième Série.* Par MM. Emile Borel, sous-directeur de l'École normale supérieure, prof. à la Sorbonne. B. Baillaud, de l'Institut, directeur de l'Observatoire de Paris. Jean Perrin, prof. à la Sorbonne. Léon Bertrand, prof. adjoint à la Sorbonne. R. Zeiller, de l'Institut, prof. à l'École des Mines. L. Blaringhem, chargé de cours à la Sorbonne. Salomon Reinach, de l'Institut. G. Lanson, prof. à la Sorbonne. A. Meillet, prof. au Collège de France. Lucien March, directeur de la Statistique générale de la France, 1 volume in-16 . . . . 3 fr. 50

Éléments de philosophie biologique, par F. Le Dantec, chargé du cours de biologie générale à la Sorbonne. 2e éd., 1 vol. in-16 3 fr. 50

La Voix. *Sa culture physiologique. Théorie nouvelle de la phonation,* par le Dr P. Bonnier, laryngologiste de la clinique médicale de l'Hôtel-Dieu, 3e édition. 1 vol. in-16 illustré . . . . . 3 fr. 50

L'Éducation dans la Famille. *Les Péchés des parents,* par P.-F. Thomas, professeur au lycée de Versailles. 3e édit. 1 volume in-16 (*couronné par l'Institut*) . . . . 3 fr. 50

La Crise du Transformisme, par F. Le Dantec. 1 volume in-16. 2e édit. . . . . 3 fr. 50

L'Énergie, par W. Ostwald, professeur honoraire à l'Université de Leipzig. Traduit de l'allemand par *E. Philippi,* licencié ès sciences, 3e édition. 1 volume in-16. . . . . 3 fr. 50

Les États physiques de la Matière, par Ch. Maurain, professeur à la Faculté des Sciences de Caen. 2e édition. 1 volume in-16 illustré . . . . 3 fr. 50

La Chimie de la Matière vivante, par Jacques Duclaux, préparateur à l'Institut Pasteur. 2e édition. 1 volume in-16. . 3 fr. 50

L'Aviation, par Paul Painlevé, de l'Institut et Emile Borel, 1 vol. in-16 avec 52 gravures. 4e édition, revue et augmentée. 3 fr. 50

La Race slave, *Statistique, démographie, anthropologie,* par Lubor Niederle, professeur à l'Université de Prague. Traduit du tchèque et précédé d'une préface par L. Léger, de l'Institut. 1 vol. in-16. . . . . 3 fr. 50

L'Évolution des théories géologiques, par Stanislas Meunier, professeur de géologie au Muséum d'histoire naturelle. 1 vol. in-16, avec gravures . . . . 3 fr. 50

L'Artillerie de campagne : *son Histoire, son Evolution, son Etat actuel,* par E. Buat, chef d'escadron au 25e régiment d'artillerie de campagne. 1 vol. in-16, avec 75 gravures. 3 fr. 50

Le Transformisme et l'expérience, par Et. Rabaud, maître de conférences à la Sorbonne. 1 vol. in-16, avec 12 grav. 3 fr. 50

L'Evolution de l'Electrochimie, par W. Ostwald, professeur à l'Université de Leipzig. Traduit de l'allemand par E. Philippi, licencié ès sciences. 1 vol. in-16 . . . . 3 fr. 50

Envoi franco, contre mandat-poste.

L'Évolution
de
l'Électrochimie

PAR

W. OSTWALD
Professeur à l'Université de Leipzig

TRADUIT DE L'ALLEMAND

Par **E. PHILIPPI**, Licencié ès sciences.

LIBRAIRIE FÉLIX ALCAN
108, BOULEVARD SAINT-GERMAIN, PARIS

1912

L'ÉVOLUTION
DE L'ÉLECTROCHIMIE

CHAPITRE PREMIER

LA SCIENCE ET L'HISTOIRE DES SCIENCES

On a toujours reproché aux adeptes des sciences physiques et naturelles de ne pas se préoccuper assez de l'histoire de ces sciences. Il est certain qu'à l'époque même où le haut enseignement de la philosophie se réduisait presque exclusivement à celui de l'histoire de la philosophie, on n'enseignait dans les Universités, si ce n'est exceptionnellement, l'histoire d'aucune branche des sciences naturelles. Et lorsqu'un privat-docent se risquait à le faire, il s'apercevait bien vite, à la rareté de son auditoire, de la vanité de son entreprise.

Cet état de choses tient-il à ce que l'adepte des sciences physiques aurait une tournure d'esprit peu scientifique? On pourrait le croire, à entendre certaines personnes, aux yeux desquelles la tendance actuelle à s'occuper de l'histoire d'une science est comme un retour à la bonne voie. Or, si ces personnes voulaient bien considérer les progrès énormes que les naturalistes, les physiciens, les chimistes ont fait réaliser non seulement à leur spécialité, mais encore à l'ensemble de la civilisation, elles rougiraient sans doute d'avoir osé leur faire la leçon. Si jusqu'à présent ils ne se sont guère intéressés à l'histoire de la science qu'ils cultivent, et si maintenant ils commencent à s'en préoccuper, cela doit pouvoir s'expliquer.

Il est probable, d'ailleurs, qu'ils n'ont guère conscience des raisons nouvelles qui leur font désormais prendre en considération l'histoire de leur spécialité. La science est depuis longtemps un organisme ayant sa vie propre, à laquelle chaque chercheur participe à peu près de la même façon qu'une cellule de l'organisme humain participe à la vie de cet organisme. Il n'est dévolu à chaque cellule qu'une faible proportion des nombreuses fonctions de l'organisme, et le nombre des cellules avec lesquelles elle est en rapport immédiat est petit relativement à leur quantité; mais elle est en rapport médiat avec toutes les autres cellules. De même, le chercheur ne peut explorer avec succès qu'un petit domaine de la science; la liaison de son travail avec l'ensemble du travail humain est certaine; néanmoins, il ne la connait pas toujours; peut-être même plus d'un chercheur ne la connait-il jamais. Si donc l'histoire de telle ou telle science est à peine ébauchée, c'est que jusqu'ici elle ne pouvait être une aide pour le chercheur. De même qu'avant la découverte, par Bunsen et

Kirchhoff, de l'analyse spectrale, il n'était jamais arrivé à un prisme de s'égarer dans un laboratoire de chimie, où il ne pouvait servir à rien, de même le savant ne songe guère à l'histoire de la science que lorsque cette histoire est devenue pour lui un instrument de travail.

On voit, par ce qui précède, que l'histoire d'une science n'est à mes yeux qu'un *moyen de recherche*. Elle fournit une *méthode* pour l'accroissement des conquêtes scientifiques, mais elle n'est pas à cultiver pour elle-même en dehors de ses applications. Sans doute tout instrument de recherche a besoin d'être perfectionné pour pouvoir servir à ses fins. Le thermomètre et le galvanomètre, par exemple, ont passé par une série fort longue de transformations avant d'acquérir les qualités que la science moderne exige d'eux ; mais un physicien se rendrait ridicule s'il se consacrait au perfectionnement du thermomètre sans tenir compte des usages auxquels il doit servir, déclarant voir dans ce perfectionnement un « but en soi ».

L. Ranke, dont l'autorité fut si considérable sur la génération qui nous précéda, professait des idées tout opposées. Il a dit souvent, et avec la plus grande netteté, que l'histoire — et par là il entendait surtout, comme on le fait aujourd'hui encore, l'histoire des États et des constitutions — est, suivant la formule de tout à l'heure, un « but en soi ». Il a déclaré expressément qu'elle ne saurait être appliquée à autre chose qu'à l'établissement des faits.

Mais une réaction s'est déjà manifestée contre ces idées. On ne se borne plus à relater les événements d'une façon objective ; on cherche aussi les causes qui en ont déterminé l'enchaînement. A cet égard, un rapprochement s'impose entre les historiens modernes et Haeckel. On sait qu'il s'est servi de la loi biogénétique fondamentale (déjà reconnue par Fourier et Auguste Comte) de l'analogie entre le développement de l'espèce et celui de l'individu, pour établir l'histoire du développement des êtres vivants à des époques pour lesquelles les renseignements nous manquent. De même les historiens modernes, et particulièrement Karl Lamprecht, ont cherché à montrer que l'âme de l'enfant, en se développant, passe par les phases qu'a traversées l'âme de l'humanité. Leurs efforts ont été couronnés de succès, et, grâce à eux, la question longtemps débattue de savoir s'il est possible d'établir des lois historiques est maintenant résolue, car ils ont fourni la preuve objective de l'existence de pareilles lois. Mais si aujourd'hui, au lieu de considérer les événements à part, on en étudie l'enchaînement et les lois qui président à cet enchaînement, on n'en continue pas moins à faire uniquement de l'histoire pour l'histoire.

Doit-on en rester là ? Assurément non. D'ailleurs on ne le pourrait pas ; car la raison d'être et l'avenir d'une science exigent pour elle la possibilité de devenir un jour, sous une forme quelconque, science utile, science d'application. Sans doute, on ne doit pas cultiver la science uniquement pour l'argent qu'elle peut rapporter immédiatement. Beaucoup, il est vrai, n'y voient qu'un moyen de gagner leur pain quotidien. Mais les chercheurs qui ont fait les plus grandes conquêtes scientifiques ont dû le succès à la passion qu'ils ont mise dans leurs études. Les hautes conquêtes de la science supposent la passion de la recherche, condition indispensable de tout progrès. Or, remarquons-le bien, cette passion, dont tous les grands savants ont été animés, fut presque toujours éveillée chez eux, dans leur jeunesse, par quelque nécessité d'ordre concret, pratique. Plus tard seulement ils ont traité des questions élevées, d'autant plus élevées que le développement rapide de leur esprit était plus avancé. Si donc l'arbre de la science s'élève à des hauteurs énormes dans le domaine de la pure spéculation, *il eut toujours et il continue d'avoir ses racines dans le terrain concret des nécessités humaines.*

L'histoire appliquée n'est pas du ressort des professeurs d'Université; ils ne l'ont jamais enseignée; mais les grands hommes d'État ont dû l'étudier. Avant de transformer la condition politique des peuples, il a fallu que ces puissants esprits apprissent quelque part comment ils devaient s'y prendre pour manier des masses humaines; la simple réflexion n'y eût pas suffi. Tous, nous le savons, ont cultivé avec ardeur les études historiques. Ces études, bien entendu, il les ont faites de la manière qui est propre aux hommes d'État. L'histoire appliquée suppose un travail préparatoire consistant dans l'établissement des faits, de même qu'un travail au couteau suppose l'aiguisage préalable de ce couteau. Mais ce travail préparatoire n'est pas plus un « but en soi » que ne l'est l'aiguisage d'un couteau. Et même si l'on considère que cette préparation ne peut jamais être complète, on est amené à se dire qu'il est possible de s'en passer dans une certaine mesure. Car, si elle était indispensable, les hommes d'État n'auraient pu tirer parti, comme ils l'ont fait, de l'histoire à l'état brut. S'ils ont pu l'utiliser, c'est que les lois présidant à tous les événements, sans en excepter les événements historiques, n'ont le caractère de lois que parce qu'*elles se révèlent toujours, dans la multiplicité des faits, semblables à elles-mêmes*. Il importe donc assez peu que telle relation historique soit inexacte ou incomplète : d'un grand nombre de relations indépendantes se dégagera nettement une loi historique, de même qu'une loi naturelle se dégage d'un ensemble de chiffres fournis par l'observation, bien qu'aucun de ces chiffres ne prétende à une exactitude absolue, mais que chacun d'eux comporte une erreur d'autant plus grande que la loi naturelle qu'il sert à découvrir a un caractère de plus grande nouveauté.

Les hommes d'État ont donc su tirer, des matériaux que leur fournissait l'histoire, des conclusions propres à diriger leur conduite, et les résultats qu'ils ont obtenus prouvent que ces conclusions étaient exactes, ou, pour parler d'une façon plus circonspecte, *contenaient quelque chose d'exact*. De même, les savants modernes qui cultivent les sciences physiques ou naturelles, ou du moins ceux d'entre eux qui reconnaissent de l'importance à l'histoire de ces sciences, ont su trouver en elle un précieux instrument de travail, et c'est là ce qui constitue sa raison d'être.

Peut-être trouvera-t-on, vu la grande estime dans laquelle l'histoire est généralement tenue, que c'est rabaisser une science élevée que de ne la déclarer digne d'études qu'après avoir reconnu son utilité pratique ; peut-être ajoutera-t-on, dans le style des hypnotiseurs, que c'est précisément parce qu'elle est dépourvue d'une « grossière » utilité qu'elle a un caractère idéal. C'est là un des restes de la scolastique du moyen âge qui survivent dans nos écoles et dans nos universités. On ne justifie pas le maintien de ces vaines spéculations, on leur attribue un rang supérieur à celui des sciences de la nature. Remarquons que, si le fait d'être absolument inutile formait la caractéristique des choses ou des personnes idéales, il faudrait admirer comme étant l'homme idéal par excellence celui qui resterait sur un fauteuil à se tourner les pouces. Visiblement, on confond ici la notion générale d'utilité avec la notion d'utilité immédiate pour l'individu.

La grandeur morale d'un homme se reconnaît à ce qu'il fait moins de cas de son propre intérêt que de l'intérêt général. Nous admirons le héros qui affronte la mort pour sauver ses concitoyens, mais nous considérerions comme un fou l'homme qui s'exposerait à un danger sans qu'il pût en résulter aucun avantage pour personne. Ainsi ce qui ne saurait avoir d'utilité pour le corps social est, à nos yeux, dépourvu de toute valeur. Par suite, l'histoire de la science ne méritera l'estime et l'encouragement du public que s'il est certain qu'elle peut avoir une utilité générale.

Voyons donc en quoi l'histoire des sciences physiques et naturelles peut être utile aux chercheurs. Nous serons tentés tout d'abord de raisonner de la façon suivante. Les savants qui nous ont précédés, même les plus grands, n'avaient pas le privilège de l'infaillibilité. En même temps que des choses exactes, leurs travaux contiennent donc des erreurs. Ce que ces travaux renferment de bon a été recueilli ; le reste a été oublié, comme inutilisable. Ainsi le temps a séparé le vrai du faux. Le vrai se trouve aujourd'hui dans les ouvrages didactiques ; seul il peut être utile à qui veut entreprendre des recherches ; le faux ne saurait que le troubler et le retarder.

Il y a dans ce raisonnement deux idées qu'il nous faut discuter. La première, c'est que le seul profit à tirer des travaux d'un savant illustre, c'est la connaissance de ce que ces travaux renferment d'objectif, la connaissance des faits et des lois qu'ils ont établis. La seconde, c'est que la séparation du vrai d'avec le faux, effectuée par « le temps », en réalité par des hommes de science, et principalement par des auteurs d'ouvrages didactiques dont les écrits sont postérieurs aux travaux des savants, que cette séparation, disons-nous, a été faite avec une grande exactitude. La première idée étant plus longue à discuter que la seconde, commençons par celle-ci.

Quand on se met à étudier quelque ouvrage, depuis longtemps délaissé, d'un grand savant, on est frappé d'y rencontrer, en outre de ce qui a passé dans les livres didactiques, beaucoup d'autres choses encore dont jusque-là on n'avait pas la moindre idée. Il est facile de voir pourquoi tant de choses y sont restées enfouies. Celui qui extrait de l'ouvrage d'un maître des faits, des idées, pour en enrichir le traité didactique qu'il compose, opère comme on fait avec un tamis pour retenir les grains de blé. Nous ne disons pas toutefois qu'il opère automatiquement ; il juge la valeur des choses dont il fait le triage. Mais un auteur didactique est généralement un homme d'esprit moyen ; parce qu'il s'est assimilé ce que la science a produit de nouveau depuis la mort du savant dont il met l'ouvrage à contribution, cela ne veut pas dire qu'il ait un sens critique suffisant pour juger la valeur relative des idées du maître. Il recueille les grains de blé, sans s'apercevoir que des grains d'or ont traversé le crible. L'existence de ces grains d'or est ignorée de tout le monde, jusqu'au moment où quelqu'un, dont l'esprit a une certaine affinité avec celui du savant, les découvre et publie sa trouvaille. Alors les auteurs didactiques les voient à leur tour, et par eux les nouvelles idées deviennent bientôt la propriété de tout le monde.

Ces grains d'or ne sont pas découverts tous à

la fois, ni par un seul chercheur. Pour les découvrir jusqu'au dernier, il faut d'autant plus de temps que le grand homme a été plus en avance sur son époque. C'est là, me semble-t-il, qu'il faut voir cette pérennité des hommes de génie que l'on appelle volontiers leur immortalité. A envisager les choses de cette façon, il n'y a pour aucun d'entre eux, quoi qu'on dise, de véritable immortalité, car, avec le temps, l'humanité finit par faire siennes toutes les vérités qu'ils ont mises au jour. Mais il est des génies si profonds qu'après des siècles, et peut-être même des milliers d'années, on peut encore découvrir dans leur œuvre un grain d'or jusque-là inaperçu.

L'utilité immédiate de l'histoire de la science apparaît ici clairement. Grâce à elle, en effet, nous apprenons à quel genre de travaux chacun des savants s'est livré, et, par suite, auquel d'entre eux nous devons nous adresser quand, pour telle ou telle de nos études, nous cherchons une aide, ou des renseignements. Elle nous révèle, par exemple, que parmi tous les philosophes qui ont contribué à l'essor des sciences exactes au XVIIe siècle, Leibniz est celui chez lequel nous pouvons espérer trouver le plus d'or en pépites.

On voit maintenant comment il faut s'y prendre pour répandre la connaissance de l'histoire d'une science : on composera un résumé des ouvrages de valeur écrits sur la matière, en appuyant, pour chaque savant, sur ce qui peut faciliter le plus l'utilisation des trésors qu'il a laissés derrière lui. S'il est nécessaire, on rendra ces trésors plus accessibles au moyen de traductions ou d'éditions nouvelles. Dans ces éditions, qui devront être l'objet des plus grands soins, il faudra bien se garder de certaine faute dont les ouvrages de recherche historique sont généralement coutumiers. Cette faute consiste à s'appesantir sur des questions dénuées d'intérêt. Certains domaines de l'histoire ne sont explorés qu'en vue d'y appliquer les méthodes perfectionnées de la critique et de la comparaison des textes, et non pour en tirer des résultats propres à élucider quelque question importante : ce qui est un exercice un peu puéril.

Signalons encore un autre enfantillage, que l'on rencontre aux origines de la science et qui s'est perpétué jusqu'à nos jours : il consiste à rechercher quel est l'auteur qui, le premier, a employé tel ou tel mot ! On doit convenir qu'il importe peu de savoir où, pour la première fois, est apparue telle expression. Ce qui importe, c'est de connaître les conditions dans lesquelles les concepts ont pris naissance ; car, ainsi que nous le remarquerons souvent par la suite, de même que dans une formation cristalline peut se rencontrer, incluse, de l'eau-mère, de même un concept garde, du milieu où il s'est cristallisé pour la première fois, une sorte d'eau-mère. Or s'il est vrai que celle-ci diminue la pureté du concept, d'autre part elle permet de reconnaître sa liaison avec d'autres concepts. De pareils renseignements seront toujours extrêmement utiles quand il s'agira de l'élaboration et de l'épuration d'un concept.

Ainsi, dans nos travaux historiques, nous ne nous croirons pas obligés de faire revivre un fragment du passé simplement parce qu'il appartient au passé. D'ailleurs nous ne saurions rappeler à la vie tout le passé. Il faudra donc que nous nous imposions certaines bornes ; et, à cet égard, le bon sens indique qu'il nous faudra prendre comme critérium la valeur *moderne* des trésors que nous explorerons.

Nous avons donc établi tout à la fois les bases de la méthode que nous devrons suivre et les principes dont devra s'inspirer notre critique. Comme toutes les véritables sciences, l'histoire est, par sa nature, un domaine inépuisable. De là la nécessité de ne traiter que les questions capitales.

Nous savons maintenant ce qu'il faut penser de l'opinion d'après laquelle il n'y aurait pas lieu de revenir sur la partie délaissée de l'ouvrage d'un devancier. Nous pourrions nous demander encore comment il se fait qu'à certaines époques on ne se montre point curieux des données que peut révéler l'histoire des sciences, et que l'on dépense toute son énergie à faire de nouvelles découvertes. La chose s'explique par une disposition psychologique analogue à celle que montra l'explorateur J. Cook (non pas celui qui a parcouru récemment les parages voisins du pôle nord) lorsqu'il refusa d'emporter des cartes de la région qu'il allait explorer, déclarant que « s'il y avait quelque chose là, il le verrait bien par lui-même ». Cet état d'esprit se manifeste chez les adeptes de toute science encore nouvelle. C'est précisément parce qu'il s'agit de régions neuves à étudier que l'on ne se demande point si ce domaine n'aurait pas déjà été exploré.

Quiconque se croit sur la voie d'une découverte en ressent d'abord un vif enthousiasme. Plus tard, et quand cet enthousiasme est tombé, l'on s'aperçoit généralement que des idées plus ou moins semblables à celles que l'on croyait nouvelles, que des faits jusqu'à un certain point analogues à ceux que l'on regardait comme des nouveautés, avaient été énoncés antérieurement. Et alors il est des gens qui contestent le caractère de nouveauté même à des choses véritablement inédites, surtout s'ils n'ont personnellement qu'une maigre part à revendiquer dans la moisson nouvelle. Evidemment ceci est injuste, d'autant plus injuste que les progrès réalisés dans les derniers temps ont été plus considérables. On pourrait demander à ces critiques si peu équitables pourquoi ils n'ont pas révélé tout ce qu'ils disent appartenir à des ouvrages du passé.

Nous constaterons invariablement que les études historiques sont d'autant moins cultivées que l'époque considérée est plus créatrice et que la production est plus grande dans le domaine scientifique dont il s'agit. Or, au XIXe siècle, la production a été telle, dans le domaine des sciences physiques et naturelles, qu'absorbés par l'abondance inaccoutumée des faits nouveaux, les hommes n'ont pas songé à autre chose. Le siècle actuel n'est pas inférieur, sous le rapport de la production, à celui qui l'a précédé, car, bien qu'à son début, il a déjà beaucoup donné. Mais pénétrées lentement par l'esprit scientifique moderne, les générations qui se succèdent s'accoutumen peu à peu aux nouvelles conditions de la vie. Des choses qui auraient stupéfié nos devanciers provoquent chez nous moins d'étonnement que de satisfaction. Peut-être faut-il voir dans cet état d'esprit l'une des raisons de l'intérêt qui s'est récemment éveillé pour l'histoire des sciences. Je signalerai une autre raison de cet éveil, et je montrerai du même coup combien est erronée l'opinion d'après laquelle le seul profit à tirer de l'étude des anciens auteurs consisterait dans la connaissance des faits qu'ils ont découverts. On va voir que l'utilité de cette étude s'étend plus loin, et que par elle nous pouvons apprendre comment accroître, comment améliorer notre propre production scientifique. Un exemple familier fera mieux saisir ma pensée.

Autrefois, les fruits que nous apporte l'automne étaient considérés comme un présent des dieux. Si la récolte était abondante une année et maigre l'année suivante, si bien souvent l'espoir d'une belle moisson était anéanti par la grêle, par une pluie diluvienne, par la sécheresse, par les souris, c'est qu'ainsi l'avaient voulu ces êtres supérieurs. Aussi fallait-il faire le nécessaire pour se les rendre propices; d'où l'habitude générale, à l'époque des récoltes, de célébrer des fêtes et d'offrir aux dieux des sacrifices (qui se réduisaient souvent à des actes symboliques).

Toute mesure destinée à accroître ou seulement à assurer la récolte était regardée avec méfiance, tant on comptait sur les divinités champêtres. Dans « Ut mine Stromzeit », de Fritz Reuter, on trouve nettement exprimée cette méfiance du paysan à l'égard de toute innovation propre à augmenter le rendement des champs. Du reste l'auteur lui-même n'était point partisan de pareilles innovations, et celles que l'on doit à Liebig lui semblaient quelque peu ridicules. Quant à moi, je me rappelle, à ce propos, du temps où j'allais à l'école primaire, une histoire édifiante, où il s'agissait d'un cultivateur qui, à une époque de sécheresse, avait arrosé son champ au lieu de demander au Ciel de la pluie. Cet arrosage sembla d'abord avoir produit un bon effet, car son blé poussa dru; mais les épis étaient vides, tandis que, dans le champ voisin, dont le propriétaire était allé régulièrement à l'église, les épis, s'il n'étaient pas nombreux, étaient particulièrement lourds.

Aujourd'hui, ce n'est plus aux dieux champêtres, mais aux engrais artificiels, qu'on s'en remet du soin d'améliorer la terre : aussi celle-ci produit-elle beaucoup plus qu'autrefois.

Notre attitude à l'égard de la production intellectuelle ressemble, dans une certaine mesure, à celle de nos ancêtres à l'égard de la production agricole. Sans doute nous n'attendons plus tout des seuls dons naturels et de leur développement propre : nous envoyons nos enfants à l'école afin d'augmenter leur productivité intellectuelle; et il n'est pas douteux qu'ils ne tirent un certain profit des études qu'ils y font. Mais pour l'homme attentif à pénétrer les lois qui régissent la culture de l'esprit, il apparait que le système actuel d'instruction, particulièrement celui qui est en vigueur dans les écoles moyennes, les gymnases et les écoles établies sur le modèle des gymnases, est très défectueux. De même qu'autrefois on donnait à tous les champs le même genre d'engrais, savoir le fumier de ferme, de même on applique à tous les élèves un système uniforme, qui consiste à les bourrer des produits d'une civilisation depuis longtemps disparue. Les élèves chez lesquels ce système ne produit pas l'effet qu'on attendait sont déclarés inintelligents, et l'on ne se demande pas si l'insuccès constaté n'est pas imputable au système lui-même.

L'étude de l'histoire est presque le seul moyen que nous ayons de savoir quels changements il peut y avoir lieu d'introduire dans un système d'enseignement. Dans le domaine pédagogique, en effet, l'expérimentation exige une prudence extrême. On hésitera même à y recourir, car, si un système d'instruction doit produire de fâcheux résultats, on n'y soumettra pas volontiers des enfants dans le seul dessein de prouver expérimentalement que ce système est mauvais. Mais si l'on a appliqué longtemps un système défectueux, pensant qu'il était bon, l'histoire de ses effets remplacera l'expérimentation; et les résultats de cet examen historique seront d'autant plus probants que l'on avait eu confiance dans ce système.

Eh bien, comme chacun le sait, en Allemagne l'enseignement secondaire a pour base, depuis trois générations, le néo-humanisme. Les partisans de ce néo-humanisme prétendent que les Grecs et les Romains ont atteint le summum de la perfection, et que le seul moyen pour nous d'y parvenir, c'est de nous familiariser aussi complètement que possible avec les œuvres de l'antiquité.

Or les résultats prouvent que le néo-humanisme est absolument impropre à produire une réelle culture. C'est l'estime extraordinaire dans laquelle les poètes du XVIIIe siècle ont tenu l'art grec qui ouvrit les voies au néo-humanisme scolaire du XIXe siècle; et, si cette école pédagogique avait été de nature à produire d'heureux résultats, c'est dans le domaine artistique plus que dans tout autre que ces résultats apparaîtraient. Or nous savons à quoi nous en tenir sur les résultats de l'opération fort compliquée que préconisait Schiller, et que, d'après lui, Gœthe accomplissait. Cette opération, qui consistait à « enfanter en Grèce, pour ainsi dire... par un effort de réflexion » n'a jamais donné que des produits mort-nés. Celles de nos œuvres d'art qui sont réellement vivantes (que l'on songe, par exemple, au merveilleux développement de notre musique, pour laquelle, heureusement, il n'y avait pas de modèle dans l'antiquité) ne sont pas nées artificiellement en Grèce, mais naturellement et sur notre propre sol.

Le néo-humanisme s'est montré particulièrement impropre à favoriser le développement des sciences. J'ai fait voir ailleurs que les grands savants de notre époque, ceux qui ont le plus contribué aux progrès de la civilisation, ont souffert, presque tous, pendant leur jeunesse, de la tyrannie de cet humanisme scolaire, en particulier de la vaine étude du latin ; et que, s'ils ont fait de grandes choses, ce n'est pas grâce à l'école, mais malgré l'école. Si l'on songe que ce fait révèle la nécessité d'apporter de profonds changements dans notre système d'instruction, on reconnaîtra de quelle importance pratique sont les études historiques.

Ces études ne révèlent pas seulement les défauts d'un système pédagogique, elles donnent aussi des résultats positifs. En observant dans quelles conditions se sont formés des savants ou même des groupes de savants, on apprendra à connaître quelles sont les conditions favorables à la production intellectuelle. On s'efforcera alors de créer celles de ces conditions qui dépendent des moyens dont nous disposons, de manière à accroître le plus possible le rendement intellectuel.

A ce sujet, reportons-nous encore à ce qui se fait dans la culture des plantes. L'homme ne peut pas modifier la situation géographique d'un lieu, ni les propriétés climatériques qui en dépendent. Mais, en étudiant de près les particularités biologiques de chacune des variétés d'une plante, il arrive à faire prospérer dans un lieu donné la variété qui y donnera le meilleur produit ou le plus abondant. Par exemple, l'amélioration systématique de la betterave a doublé sa teneur primitive en sucre. Comme on le sait, le sucre n'est pas autre chose qu'un produit de transformation de l'énergie solaire. L'homme a donc obtenu ce résultat qu'une quantité donnée d'énergie solaire se transforme aujourd'hui, dans la betterave, en un poids de sucre deux fois plus grand qu'autrefois.

Ce que l'on a fait pour maint végétal, on doit pouvoir le faire aussi pour la plante la plus belle que renferme le jardin de l'humanité, je veux dire le génie créateur : on doit pouvoir augmenter son rendement, une fois que l'on connaîtra ses particularités biologiques, le terrain, le milieu qui lui conviennent. Ne voyons-nous pas que certains peuples de l'Europe, chez lesquels, dans le passé, le système de politique intérieure visait à paralyser le libre essor de la pensée scientifique, ne collaborent pour 'ainsi dire pas à la formation de la science moderne, bien que le régime de compression auquel ils étaient soumis autrefois ait disparu aujourd'hui, sinon complètement, du moins en très grande partie? Ainsi il a été possible d'anéantir, chez ces peuples, toute originalité scientifique. Or si, dans cet ordre d'idées, on a pu obtenir des résultats négatifs, on doit pouvoir obtenir aussi des résultats positifs. On peut, du reste, trouver dans l'histoire des exemples frappants qui attestent que ce n'est pas là une simple supposition. Aussi la science moderne ne fait-elle pas une tentative déraisonnable lorsqu'elle s'efforce d'établir les lois de la culture intellectuelle afin d'augmenter l'abondance de ses récoltes. Pour mener à bien cette tentative, il faut commencer par interroger l'histoire : c'est d'après ses données que l'on pourra imaginer un ensemble d'expériences ayant des chances de fournir de bons résultats.

Je me bornerai ici à ces indications : elles suffiront à faire comprendre le but qu'on doit se proposer quand on étudie l'histoire des sciences. En ne perdant pas de vue ce but, nous ne courrons pas le risque des bévues que l'on commettait autrefois dans la manière d'étudier l'histoire, et qui l'ont discréditée dans l'esprit des adeptes de la science : en un mot, nous saurons distinguer les choses importantes de celles qui ne le sont pas, et éviter ainsi de gaspiller notre énergie en nous attachant à des futilités.

L'intérêt principal de l'histoire des sciences réside dans l'établissement de lois reliant entre eux les faits particuliers révélés par l'histoire. Ainsi que je le répète depuis longtemps, l'histoire des sciences fournit les matériaux les meilleurs et les plus sûrs pour l'étude des lois qui régissent le développement de l'humanité. Car cette étude n'échappe pas à la règle générale de l'étude des sciences physiques et naturelles que les phénomènes à scruter doivent être envisagés d'abord sous les conditions les plus simples. Or c'est dans l'histoire des sciences que l'on trouvera le plus facilement des phénomènes se présentant sous des conditions simples.

CHAPITRE II

LA PRÉHISTOIRE DE L'ÉLECTROCHIMIE

Étant donnés les rapports multiples qui existent entre les différentes branches de la science, on peut choisir presque arbitrairement l'époque à partir de laquelle on commencera à tracer l'histoire de l'une d'elles. D'ailleurs les bases générales sur lesquelles cette science particulière repose ont été jetées au début de la pensée humaine ; aussi ne saurait-on connaître l'époque précise où elle est née. Par contre, le moment où elle a pris forme peut souvent être indiqué d'une façon exacte, d'autant plus exacte que ce moment est plus rapproché de nous. Lorsqu'on étudie le développement de l'ensemble du savoir humain, on constate que ce développement est d'autant plus lent que l'époque considérée est plus lointaine. La science étant un produit supérieur du développement de l'esprit humain, sa formation fut bien postérieure aux autres manifestations de la civilisation. L'adaptation de l'esprit aux conditions de la production scientifique ne s'est faite que très lentement, et seulement chez les hommes particulièrement bien doués. On sait quel essor la science prit chez les Grecs au VIe siècle avant Jésus-Christ. On sait aussi que la production scientifique, au lieu de progresser d'une façon continue depuis cette époque jusqu'à nos jours, a eu une période de déclin, et même d'arrêt presque complet (au moyen âge), pour ne reprendre qu'il y a trois siècles environ. Ce que nous avons dit tout à l'heure permet de comprendre ce phénomène : quand survint leur décadence politique et physiologique, les Grecs cessèrent d'être adaptés aux conditions du travail scientifique ; et lorsque les Germains parurent sur la scène politique, leur développement était si rudimentaire que c'est tout juste si, chez eux, les instincts guerriers étaient distincts des instincts politiques. Bien des générations ont passé avant que le développement de nos ancêtres fût suffisant pour leur permettre de cultiver la science. Mais ce développement s'est poursuivi si loin qu'ils ont fini par dépasser de beaucoup les peuples mixtes germano-latins qui se sont formés en Italie et en France, peuples qui s'étaient développés avant eux.

Comme les Grecs ne connaissaient, en fait d'électricité, que quelques phénomènes dont ils ne saisissaient pas les rapports, et, en fait de chimie, que quelques procédés techniques, il serait difficile aux admirateurs de ce peuple de lui attribuer la fondation de l'électrochimie. Même au XVIIIe siècle, bien que la connaissance des phénomènes électriques se fût beaucoup développée, pas un savant n'aperçut de lien entre ces phénomènes et les phénomènes chimiques. Cela tient à ce qu'on ne connaissait pas alors d'autres générateurs d'électricité que les machines électriques, les électrophores et autres appareils semblables, et que tous ces générateurs donnent de l'énergie électrique à haute tension mais à très faible débit. En effet, comme nous le verrons plus loin, quand une substance subit, du fait de l'électricité, une transformation chimique, les quantités transformées sont proportionnelles aux quantités d'électricité mises en jeu. Les appareils électriques de cette époque ne pouvaient donc transformer que de faibles quantités de matière ; or ces quantités étaient si minimes que les moyens dont on disposait ne permettaient pas de constater les transformations effectuées. Aujourd'hui encore la démonstration que l'électricité de frottement engendre des phénomènes chimiques constitue une expérience délicate, qui a été, dans certains cas, une ressource pour résoudre d'importantes questions théoriques.

Aussi arriva-t-on à connaître d'une façon assez approfondie les phénomènes de l'électricité dite statique, sans soupçonner que des phénomènes chimiques pouvaient en dépendre. Et lorsqu'on eut remarqué que les décharges électriques très fortes effectuées à travers des fils métalliques fins provoquent des pulvérisations et des combustions, on attribua ces phénomènes à la chaleur dégagée, et cette explication sommaire sembla si plausible qu'on n'en chercha pas d'autre.

Mais les décharges électriques donnaient lieu à d'autres phénomènes, qu'on ne pouvait pas s'expliquer. Parmi ceux-ci, le plus anciennement connu et le plus important est *la modification que le passage d'étincelles électriques fait éprouver à l'air atmosphérique.* Il est d'autant plus intéressant de connaître l'histoire des travaux auxquels ce phénomène a donné lieu qu'il a pris aujourd'hui une grande importance pratique; c'est sur lui, en effet, que repose la fabrication d'un engrais azoté que l'agriculture emploie en quantités considérables.

Le premier auquel nous devions des observations sur ce phénomène est Joseph Priestley. Cet homme remarquable représente un type complètement disparu, mais qui toutefois commence peut-être à réapparaître aujourd'hui sous une autre forme. Voici un aperçu rapide de sa vie et de ses travaux.

Joseph Priestley naquit en 1773 à Fieldhead, près de Leeds, dans le Yorkshire; il était le fils aîné d'un tisserand qui était aussi teinturier. La famille s'étant accrue très rapidement, les parents de Joseph ne purent pas, faute de ressources suffisantes, le garder à la maison: il fut confié à son grand-père maternel. Après la mort de sa mère, qui survint peu après, son père le reprit chez lui et l'envoya à l'école. Mais il fut obligé de s'en séparer de nouveau; cette fois, Joseph Priestley fut recueilli par une sœur de son père, Mme Keighley, qui était dans l'aisance, et en qui il trouva une seconde mère. Cette dame était dissidente; elle chercha à inculquer ses opinions religieuses à l'enfant, en qui elle se plaisait à voir un futur ministre dissident. Elle réunissait souvent chez elle des membres de sa secte; ces personnes parlaient religion, et leur doctrine s'imprima profondément dans l'âme de Joseph, comme toute sa vie en témoigne. Quant à l'intérêt qu'il manifesta pour la chimie, c'était sans doute un héritage de son père, qui était teinturier, ainsi que nous l'avons dit.

Dès sa première jeunesse, il se montra passionné pour l'étude. Tout le savoir à cette époque consistait uniquement dans la théologie et les langues anciennes; aussi satisfit-il son besoin de s'instruire en apprenant le latin, le grec et l'hébreu. Mais la maladie l'obligea à interrompre ses études. Comme on avait diagnostiqué la phtisie, sa tante jugea qu'il lui fallait un climat plus doux que celui de l'Angleterre : elle l'envoya à Lisbonne, où il entra dans le commerce. Il y apprit, naturellement, le portugais; l'étude de cette langue lui donna du goût pour les langues vivantes, et il se mit à apprendre, sans maitre, l'allemand, le français et l'italien.

Le climat du Portugal améliora si rapidement sa santé qu'à l'âge de dix-neuf ans il put rentrer dans son pays. Il étudia alors, à l'institut de Daventry, la mécanique et la métaphysique, et en outre le chaldéen, le syriaque et l'arabe. A peine âgé de vingt ans, il écrivit plusieurs dissertations théologiques. A l'institut de Daventry, les professeurs proposaient aux élèves des questions de théologie, qui devaient être controversées par deux partis. La plupart du temps, Priestley était du côté hétérodoxe.

Ses opinions religieuses semblent avoir eu

une influence très fâcheuse sur sa carrière de prédicateur. Il la commença en qualité de pasteur adjoint d'une petite chapelle; mais il eut bientôt indisposé ses auditeurs contre lui au point d'être obligé de démissionner. Il essaya alors de fonder une école, puis d'obtenir un autre poste de pasteur, mais ces tentatives échouèrent. Il serait mort de faim si quelques amis ne lui étaient venus en aide. Finalement il fut nommé pasteur à Nantwich, dans le Cheshire, et il y fonda une école De sept heures du matin à quatre heures de l'après-midi il enseignait dans son école; puis il donnait des leçons particulières, jusqu'à sept heures du soir, chez un avocat distingué du nom de Tomlinson. Ce furent ces diverses leçons qui l'amenèrent à faire des découvertes qui, bien plus que tous ses travaux théologiques, auxquels il attachait tant d'importance, ont illustré son nom.

En effet, pour apprendre à ses élèves les rudiments des sciences physiques, il acheta quelques appareils, entre autres une petite machine pneumatique, une machine électrique, etc.; il se procura également des ouvrages de physique. Grâce à ses appareils, il institua une sorte d' « enseignement par le travail », un enseignement tel que celui qu'on essaye d'organiser aujourd'hui : il chargeait les plus âgés de ses élèves de prendre soin des appareils et de les manier sous sa direction. Il enseigna dans son école depuis sa vingt-cinquième jusqu'à sa vingt-huitième année, et entra ensuite comme professeur à l'institut de Warrington, où il resta six ans. Pendant ce laps de temps il écrivit d'innombrables livres, parmi lesquels une histoire de l'électricité, qui a conservé de la valeur. En 1767, après s'être marié, il se fixa à Leeds, où il venait d'être nommé pasteur. Il s'y engagea encore dans de vives controverses théologiques ; mais il y trouva aussi, pour la première fois, l'occasion de faire des découvertes dans le seul domaine de la chimie dont il se soit jamais occupé, celui de la chimie des gaz.

Il demeurait dans le voisinage d'une brasserie; il eut ainsi l'occasion de faire connaissance avec l'acide carbonique, qui, comme on le sait, se dégage des liquides en fermentation. Ses connaissances en chimie se bornaient alors à ce qu'il avait appris à un cours élémentaire fait par Turner à Liverpool, et sans doute aussi dans quelques livres. Le premier travail de chimie qu'il publia était relatif à la préparation, au moyen du gaz des brasseries, d'une eau contenant de l'acide carbonique ; d'après lui, cette eau avait la propriété de guérir le scorbut, qui faisait alors des ravages parmi les marins par suite de leur alimentation irrationnelle. Ce travail eut tout de suite un grand retentissement. D'autres recherches, très nombreuses, lui fournirent la matière d'un ouvrage en quatre volumes, qu'il intitula : « Expériences et observations sur les différentes espèces d'air ». Cet ouvrage lui valut rapidement une célébrité européenne. Cela tient à ce que l'on venait seulement de découvrir que les gaz diffèrent entre eux par leurs propriétés chimiques. Auparavant on croyait, à cause de la ressemblance de leurs propriétés physiques, qu'ils étaient de même essence que l'air, qu'ils étaient de l'air un peu modifié par son mélange avec d'autres principes. Si Priestley put faire des découvertes aussi nombreuses et aussi importantes, c'est parce qu'il eut l'idée de recueillir les gaz sur le *mercure*, au lieu de les recueillir sur l'eau, comme on le faisait avant lui. Il essaya, presque au hasard, si telles ou telles substances, mélangées ensemble et chauffées, ne donneraient pas des gaz; et, grâce à l'emploi d'une cuve à mercure, il découvrit ainsi tous les *gaz solubles dans l'eau*, comme l'acide chlorhydrique, l'ammoniaque, etc., dont l'existence avait jusque-là échappé aux chercheurs. Sa principale découverte est celle de l'oxygène, qu'il prépara un peu plus tard que Scheele de la façon dont aujourd'hui encore on enseigne aux débutants à le préparer, c'est-à-dire en chauffant de l'oxyde de mercure.

Jetons encore un rapide coup d'œil sur les autres événements de la vie de Priestley, parce qu'ils sont tout à fait caractéristiques de l'époque.

En 1773, le comte de Shelburne, qui avait des goûts scientifiques, lui offrit de le prendre comme secrétaire et compagnon de voyage. Priestley accepta. Ils voyagèrent longtemps sur le continent, et, à Paris, Priestley fit part à Lavoisier des expériences qui l'avaient amené à la découverte de l'oxygène. La femme de Lavoisier questionna Priestley sur les détails de ces expériences. Quelques années plus tard, le chimiste français publia sur l'oxygène un mémoire dans lequel il s'attribuait l'honneur de la découverte de ce gaz.

Le comte de Shelburne, rentré dans son pays avec Priestley, se sépara de lui quelques années après ; ils se quittèrent d'ailleurs en bons termes, et le comte servit à Priestley une pension assez importante, qui lui fut payée exactement jusqu'à la fin de ses jours. Grâce à cette pension et à la libéralité d'autres amis, Priestley n'eut plus de soucis d'argent. Il se fixa à Birmingham et y poursuivit ses recherches de théologie et de chimie. Ses travaux de théologie lui suscitèrent de vives controverses avec les défenseurs de l'église anglicane ; ils le combattirent par tous les moyens, et le rendirent tellement suspect aux masses, en le représentant comme un ami de la révolution française et des Français, que, lors d'une émeute, en 1791, sa maison fut brûlée, et ses livres, ainsi que ses appareils, détruits. Quant à lui-même, il aurait été tué si des amis ne l'avaient caché, au péril de leur vie, et ne l'avaient aidé à sortir de la ville. A partir de ce moment, il fut traité en proscrit dans toute l'Angleterre ; les membres de la Royal Society, à laquelle il appartenait, cessèrent d'entretenir des rapports avec lui. Indignés de pareils procédés, ses fils avaient quitté le pays et émigré en Amérique. Après beaucoup d'hésitations, il les y suivit (1791). Il y fut reçu avec de grands honneurs ; on lui offrit une chaire à l'université de Philadelphie, mais il la refusa, et alla s'établir à Northumberland (à 130 milles de Philadelphie). Il y écrivit de nombreux ouvrages, particulièrement de théologie, et y mourut en 1804, à l'âge de soixante et onze ans, après avoir perdu d'abord sa femme et ensuite son plus jeune fils, à qui il avait inculqué ses idées religieuses, et sur lequel il comptait pour les défendre.

Le travail qui nous a donné l'occasion de faire la connaissance de cette singulière personnalité est relatif à l'action des étincelles électriques sur l'air atmosphérique. Priestley enferma un peu d'air, au-dessus d'une colonne d'eau, dans un tube fermé par le haut et dont la paroi supérieure était traversée par un fil métallique; puis il fit éclater des étincelles entre l'extrémité du fil et l'eau. Il constata que, du fait de cette opération, le volume de l'air avait diminué et l'eau avait acquis la propriété de rougir la teinture bleue de tournesol, ce qui prouvait la formation d'un acide. Il chercha à établir quel était cet acide, mais soit qu'il manquât d'expérience, soit qu'il ne fût pas assez habile en analyse, il n'y parvint pas; il pensa que c'était de l'acide carbonique, probablement parce qu'il s'était beaucoup occupé de cet acide.

Cette question fut reprise un peu plus tard par Cavendish, contemporain et compatriote de Priestley, et résolue par lui avec une précision remarquable pour l'époque.

Cavendish descendait de la famille des ducs de Devonshire, l'une des plus anciennes de l'Angleterre. Dans sa jeunesse il logeait, à Londres, au-dessus des écuries de l'hôtel de son père, qui était fort peu généreux pour lui. Il dut s'habituer de bonne heure à mener une vie extrêmement simple, et, au grand étonnement de ses contemporains, il ne se départit jamais de cette habitude. Il ne disait à personne ce dont il s'occupait, et les investigations que l'on a faites sur de longues périodes de sa vie n'ont rien appris à cet égard. En tout cas, il devait étudier beaucoup, car il s'assimila presque tout ce que l'on connaissait à son époque dans le domaine des mathématiques et dans celui des sciences physiques et naturelles. Il n'avait de relations qu'avec la Royal Society; dans toute autre société, cet homme, célèbre dans l'Europe entière, était d'une timidité maladive; il se sauvait généralement, sans dire un mot, quand ses amis faisaient allusion à cette particularité de son caractère. A la mort de son père, il hérita de sa grande fortune; l'héritage d'une tante contribua encore à l'enrichir. Comme il ne dépensait qu'une très minime partie de ses revenus, son capital augmenta dans des proportions énormes : à sa mort il était d'environ soixante millions de francs.

Si Priestley ne se lassait pas d'écrire, il en était tout autrement de Cavendish. Bien qu'il ait travaillé sans interruption pendant toute sa vie, qui fut longue (il était né en 1731 et mourut en 1810), il n'écrivit que dix-huit mémoires. Le premier parut en 1766, alors qu'il avait trente-cinq ans, dans les *Philosophical Transactions*; c'est dans ce recueil que parurent tous ses mémoires, dont le nombre est de dix-huit seulement, ainsi que nous venons de le dire. Mais, quoique peu nombreux, l'ensemble de ses travaux a une importance incomparablement plus grande que celui des travaux de Priestley.

Occupons-nous maintenant des expériences de Cavendish auxquelles nous avons précédemment fait allusion. Ces expériences montrèrent que, lorsqu'on fait jaillir des étincelles électriques à travers de l'air atmosphérique, il se forme de l'*acide nitrique* et de l'acide nitreux, dont on obtient les sels de potasse si le tube où l'on a enfermé cet air contient une solution de potasse caustique. Cavendish constata que la transformation de l'air n'est pas intégrale, mais qu'elle devient presque complète quand on a additionné l'air d'oxygène. Par ce moyen, on peut rendre « fixe » la presque totalité d'une masse d'air donnée; une petite proportion seulement de cette masse, moins de 1 p. 100, résiste à toutes les tentatives qu'on peut faire pour déterminer la combinaison. Il n'y a guère de doute que Cavendish n'eût déjà là entre les mains l'argon, ce composant remarquable de l'air atmosphérique, ce gaz réfractaire à toute combinaison, que devaient découvrir près d'un siècle plus tard deux de ses compatriotes, Lord Rayleigh et Ramsay.

Avant de poursuivre l'histoire des commencements de l'électrochimie, il convient d'étudier de plus près les deux types de savants que nous venons de rencontrer. Priestley est d'un caractère fougueux, comme en témoigne toute sa carrière. Doué d'une étonnante facilité de production, il ne se préoccupe pas beaucoup d'approfondir et de vérifier les résultats qu'il obtient, non plus que d'explorer systématiquement le domaine sur lequel portent ses recherches. En parlant de la manière dont il fait des découvertes, il se compare lui-même à un chasseur, qui parcourt au petit bonheur les champs et les bois, tuant aujourd'hui un misérable lapin, demain un beau lièvre. De fait, les recherches scientifiques étaient pour Priestley comme un sport auquel il se livrait pour se délasser de la théologie, qui occupait la première place dans ses pensées, et il est probable que personne ne fut plus étonné que lui du retentissement énorme qu'eurent immédiatement ses découvertes dans le monde scientifique. C'est seulement, semble-t-il, en constatant que ces travaux, où il voyait un passe-temps agréable, l'avaient rendu célèbre, qu'il s'avisa de leur importance.

Ses connaissances en chimie étaient, comme nous l'avons dit, très peu étendues. Mais par cela même qu'il ne se préoccupait aucunement de savoir si le domaine sur lequel portaient ses recherches n'avait pas déjà été quelque peu exploré, il garda une spontanéité enviable. Son exemple montre que, pour faire des découvertes dans une région de la science, il est parfois avantageux de ne pas connaître celles qui y ont été faites par d'autres. Cela n'est avantageux, toutefois, que lorsqu'il s'agit d'une région encore peu explorée. Il en fut de Priestley comme des premiers qui trouvèrent de l'or en Californie : ils ne furent pas obligés d'exploiter des mines, ni d'isoler l'or par des lavages ou par quelque autre procédé, car il y avait alors des gisements où l'or se trouvait à la surface même du sol et où l'on n'avait qu'à le ramasser.

Si les recherches de Priestley furent si fructueuses, c'est, comme nous l'avons dit, parce qu'il eut l'idée de substituer une cuve à mercure à la cuve à eau. Grâce à cette substitution, en effet, il put découvrir des gaz inconnus avant lui. C'est par ces découvertes que son nom est allé à la postérité. Ses idées théoriques ne dépassaient pas celles qui avaient généralement cours à son époque, et, dans la dernière partie de sa vie, il se montra adversaire décidé de théories qui s'étaient fait jour en chimie depuis le début de sa carrière, et qui étaient préférables aux anciennes.

Cavendish travaillait tout autrement que Priestley. Il appliquait à chacune de ses recherches autant de soin que ses forces le lui permettaient. Il atteignit sa trente-cinquième année sans avoir osé rien publier, bien qu'il eût effectué de bonne heure des travaux originaux. Dans tous les domaines où il faisait des recherches, il connaissait à fond celles qui avaient été faites avant lui. Ce n'est point par des expériences nouvelles ou saisissantes qu'il a fait avancer la science, mais par des recherches *quantitatives* délicates et approfondies. Je n'ai malheureusement pas la place de poursuivre cette comparaison plus loin ; mais ce qui précède suffit à montrer qu'il ne peut guère y avoir deux tempéraments scientifiques plus différents que ceux de ces deux savants, compatriotes, contemporains et adonnés aux mêmes recherches.

Il ne faudrait pas voir, dans le contraste que présentent Priestley et Cavendish, un jeu du hasard. Tous les grands hommes qui ont fait avancer les sciences physiques ou naturelles appartiennent soit au type Priestley, soit au type Cavendish. Le premier est fougueux, produit facilement et beaucoup ; le type Cavendish réfléchit lentement, ne cesse de limer et de relimer ; il est peu fécond, mais produit des choses capitales, profondes. Si singulier que cela puisse paraître, c'est uniquement d'après ces deux modèles que la nature fabrique ses chefs-d'œuvre.

Le moment n'est pas encore venu d'expliquer ce phénomène. Nous ne pourrons tenter de le faire que lorsque, ayant étudié le caractère d'un assez grand nombre de savants, la répétition des deux types en question nous apparaîtra comme une loi naturelle.

Le contraste que présentaient les deux hommes se reconnaît également à la manière dont chacun d'eux conduisait des expériences identiques quant au fond. Celles de Priestley, d'après ce qu'il nous dit lui-même, ne duraient que quelques minutes. Cavendish, afin de se procurer une quantité de substance suffisante pour une analyse dont les résultats fussent certains, traita les gaz en expérience par des étincelles électriques pendant vingt jours dans un cas, et, dans un autre cas, pendant cinquante-trois jours, en renouvelant les gaz à mesure de leur consommation.

Les travaux de Priestley et de Cavendish relatifs à l'action des étincelles électriques sur de l'air enfermé dans un tube se placent entre 1775 et 1778. C'est précisément à cette époque qu'eut lieu la célèbre controverse que souleva la substitution de la théorie de l'oxygène à celle du phlogistique. Cavendish fit connaître son avis sur cette question. Tandis que Priestley se donnait une peine extrême pour défendre la théorie du phlogistique, seule exacte d'après sa conviction, Cavendish montra que tous les faits connus peuvent s'expliquer aussi bien par l'une de ces théories que par l'autre. Pour lui, il n'y avait pas de raison de se décider pour la théorie de l'oxygène plutôt que pour celle du phlogistique ; chacun demeurait libre d'adopter celle qui lui plaisait le plus ; personnellement, il trouvait plus commode d'exprimer les faits au moyen de la théorie du phlogistique.

Signalons encore quelques expériences, effectuées à cette époque, qui montrent, comme celles de Priestley et de Cavendish, l'existence d'une relation entre les phénomènes électriques et les phénomènes chimiques.

Une de ces expériences a fourni d'ailleurs un résultat important au point de vue théorique. Un riche particulier de Haarlem avait donné l'argent nécessaire pour faire construire une machine électrique gigantesque. Le physicien van Marum fut chargé de mener à bien cette entreprise, et, l'appareil monstre une fois terminé, de s'en servir pour faire des recherches. Van Marum fit construire un appareil excellent, au moyen duquel furent exécutées des expériences qui donnèrent des résultats remarquables.

On se demandera sans doute s'il y a intérêt pour la science à construire des appareils de dimensions énormes. On se dira que, quelles que soient les dimensions d'un appareil d'espèce déterminée, il produira toujours des effets qualitativement identiques, et que, si un chercheur est habitué à se servir d'un petit appareil, un grand ne fera que le gêner. Tout cela est vrai dans bien des cas ; mais l'histoire de la science nous apprend qu'assez souvent un appareil dont on a augmenté les dimensions révèle des choses nouvelles.

Ce fait a généralement pour cause le phénomène du seuil. On sait que nous ne percevons une excitation que quand elle dépasse une grandeur finie minimum. C'est cette grandeur minimum qu'on désigne sous le nom de seuil. A la réflexion on se rend compte que le phénomène du seuil, loin d'être particulier à notre organisme psychique, est commun à tous les appareils, depuis la machine à vapeur de mille chevaux jusqu'au plus délicat galvanomètre. Un appareil, quel qu'il soit, ne commence à fonctionner que si on lui fournit une certaine quantité minimum d'énergie. S'il s'agit d'actions qui, avec les dispositifs ordinaires, sont trop faibles pour être observées, ce n'est qu'en opérant sur une plus grande échelle qu'on pourra les découvrir.

Une découverte qui date d'un petit nombre d'années nous fournit un exemple frappant de ce fait. D'après la théorie électromagnétique de la lumière édifiée par Maxwell, on devait s'attendre à voir un champ magnétique exercer une influence sur certains phénomènes optiques, et, en particulier, sur les raies spectrales brillantes données par les vapeurs incandescentes des métaux (c'est à l'aide de ces raies que Bunsen et Kirchhoff ont reconnu la présence de nombreux éléments terrestres dans le soleil et dans les étoiles). Faraday, qui, sans avoir construit, comme l'a fait Maxwell, une théorie électromagnétique de la lumière, avait des idées semblables aux siennes sur les rapports existant entre la lumière et le magnétisme, n'avait pas réussi à prouver qu'un champ magnétique exerce une pareille influence, quoiqu'il l'eût tenté à bien des reprises (les derniers travaux qu'il s'imposa de faire, alors que ses forces commençaient à le trahir, se rapportaient encore à cette question). Or, à une époque toute récente, le physicien hollandais Zeemann a pu observer les phénomènes que Faraday avait vainement cherché à provoquer, et ses expériences ont été répétées avec succès dans divers laboratoires. Cela tient simplement à ce qu'aujourd'hui on peut obtenir des champs magnétiques beaucoup plus puissants qu'autrefois, et qu'on dispose, pour étudier leurs actions, de procédés optiques plus parfaits : le seuil à partir duquel l'observation de ces phénomènes est possible se trouve ainsi dépassé. L'existence des seuils a donc cette conséquence que, lorsqu'on diminue de plus en plus l'échelle d'une expérience, les phénomènes disparaissent les uns après les autres. Inversement, ils apparaissent graduellement quand on augmente cette échelle, et, si l'augmentation devient notable, on peut toujours s'attendre à voir apparaître quelque chose d'essentiellement nouveau.

Van Marum observa, au moyen de la machine monstre de Teyler, que la décharge électrique décompose différentes substances et en fait se dégager des gaz. Mais il ne semble pas s'être beaucoup intéressé à la chimie, car il déclara expressément que, s'il avait fait ces expériences, c'était plutôt pour satisfaire aux désirs qu'on lui avait exprimés que dans l'espoir d'en tirer des résultats importants, et que, par conséquent, il ne les poursuivrait pas.

Ses compatriotes Paets van Troostwijk et Deimann, dont les connaissances en chimie étaient plus étendues que les siennes, allèrent beaucoup plus loin que lui. En opérant avec une machine construite sur le modèle de celle de Teyler, ils obtinrent les résultats suivants. Lorsqu'on fait passer à travers de l'eau des décharges électriques rendues plus fortes par l'interposition de bouteilles de Leyde, il se développe un gaz ; si, par exemple, l'expérience est faite dans un tube fermé par le haut, rempli d'eau, et dont la paroi supérieure porte un fil métallique par lequel la décharge s'effectue, le gaz se rassemble dans le tube et déplace l'eau. Voici maintenant un autre fait. Lorsque l'eau à baissé suffisamment pour que l'extrémité du fil ne la touche plus, de sorte qu'une étincelle électrique traverse le gaz, celui-ci disparait ; en même temps il se produit une détonation, et le tube se remplit d'eau.

Dans cette dernière expérience, le gaz se comporte comme le fait le « gaz détonant », mélange d'un volume d'oxygène et de deux volumes d'hydrogène. Ainsi une décharge électrique passant à travers l'eau donne lieu à la production d'oxygène et d'hydrogène ; ces deux gaz ne peuvent provenir que de l'eau ; ils en sont donc les éléments. Ce fait, d'après les expérimentateurs, devait mettre fin à la controverse qui régnait alors au sujet de la nature composée de l'eau et au sujet de ses éléments, car il prouvait l'exactitude de la théorie de l'oxygène ; en quoi l'on sait aujourd'hui qu'ils avaient raison.

Pour prévenir une erreur possible dans l'interprétation de cette expérience, nous ferons remarquer qu'il ne s'y produit pas d'électrolyse dans le sens qui s'attache ordinairement à ce mot, et que nous expliquerons plus tard. La décomposition de l'eau y est déterminée par l'action de la température très élevée résultant de la décharge électrique. Ces exemples montrent qu'on obtient, au moyen de la décharge électrique, des réactions inverses des réactions ordinaires, ou du moins qui en diffèrent essentiellement. Il importe de dire que les réactions ainsi obtenues ne sont pas seulement dues à ce qu'il se produit une température très élevée sur le trajet de la décharge, mais encore à ce que les substances échauffées, qui occupent un espace très restreint, sont refroidies subitement par celles qui les entourent.

Nous devons mentionner encore, dans cette préhistoire de l'électrochimie, une série d'expériences exécutées à Paris, en collaboration avec quelques membres de l'Académie des Sciences, par le physicien italien Volta, dont nous étudierons de près les travaux dans le prochain chapitre. Ces expériences furent faites en 1782. A ce moment, la question de rapports possibles entre les phénomènes chimiques et les phénomènes électriques se posait à l'esprit des chercheurs, et il s'agissait de déterminer si l'on pouvait produire de l'électricité au moyen de réactions chimiques. Les procédés que l'on employa pour mettre en évidence l'existence de pareils rapports étaient très peu propres à conduire au résultat cherché. En dissolvant du fer dans de l'acide sulfurique, on constata bien la production de traces d'électricité, mais le peu de succès de ces recherches les fit abandonner. Le chemin que l'on avait suivi ne menait donc à rien. En en suivant un autre, on devait arriver à des résultats de la plus grande importance.

CHAPITRE III

GALVANI ET VOLTA

Ce nouveau chemin parut d'abord conduire dans les profondeurs du problème de la vie, dont il semblait que la solution allait être trouvée ; puis il ne tarda pas à s'infléchir dans la direction de la physique pure. Finalement il tourna dans celle de la chimie. Les savants qui lui firent prendre ces différentes directions sont Galvani, Ritter, Volta et Davy.

Luigi Galvani naquit à Bologne en 1737. Il était d'une famille dont plusieurs membres avaient appartenu à l'enseignement supérieur. Il fut nommé de bonne heure professeur d'anatomie à l'antique et célèbre université de sa ville natale, et il épousa la fille du professeur Galeazzi. Il est probable que son nom serait quelque peu tombé dans l'oubli — sort commun aux nombreux professeurs d'université qui ne produisent pas des travaux d'une très grande portée — sans une découverte qu'il fit par hasard, étant déjà âgé de près de cinquante ans : elle lui valut aussitôt une renommée universelle, qui a duré jusqu'à nos jours et durera longtemps encore. Il raconte en ces termes l'histoire de sa découverte.

« Voici comment la chose commença. Je disséquai une grenouille, je la préparai, et sans m'attendre aucunement à ce qui allait arriver, je la plaçai sur une table où se trouvait une machine électrique, à une grande distance du conducteur de cette machine. Un de mes aides ayant par hasard touché très légèrement avec la pointe du scalpel les nerfs internes des cuisses de la grenouille, les muscles des articulations se contractèrent plusieurs fois, comme s'ils étaient pris de violents spasmes toniques. Mon autre aide crut avoir remarqué que la chose s'était passée pendant qu'on tirait une étincelle du conducteur de la machine électrique. Etonné du fait, il appela mon attention sur ce phénomène, alors que je songeais à tout autre chose et que j'étais absorbé dans mes pensées. Je fus pris aussitôt du désir violent de tirer au clair ce qui se cachait là-dessous. Je touchai successivement avec la pointe du scalpel différents nerfs des cuisses, pendant qu'une des personnes présentes tirait des étincelles de la machine. Le phénomène constaté par mon aide se reproduisit tel quel : de violentes contractions se manifestaient dans les muscles des articulations au moment où l'étincelle jaillissait, comme si l'animal préparé était atteint du tétanos. »

C'est là l'histoire typique d'une *découverte due au hasard*. Pendant que le chercheur est préoccupé de telle ou telle question, un phénomène nouveau, qui n'a rien à voir avec cette question, se manifeste inopinément, grâce au concours de certaines circonstances. Les cas de ce genre sont fréquents ; l'histoire ne les enregistre pas tous, à beaucoup près, car la plupart du temps l'expérimentateur ne remarque pas le phénomène, ou, quand il le remarque, il n'éprouve pas un « désir violent » de le scruter. Tantôt la question qu'il étudie absorbe son intérêt au point qu'il ne se laisse pas distraire par le phénomène qui vient de surgir inopinément ; tantôt il imagine une « explication » provisoire du phénomène, et ne s'en préoccupe plus ensuite. Mais il est d'autres expérimentateurs qui flairent une découverte à faire, comme les chiens de chasse flairent le gibier, et qui n'ont de cesse qu'ils ne l'aient réalisée. Il en était ainsi de Galvani, comme le prouve la citation ci-dessus.

Ce qu'il y a de plus remarquable dans l'histoire de la découverte de Galvani, c'est qu'il n'avait aucune raison pour prendre feu comme il le fit. On savait déjà que les décharges électriques déterminent des contractions musculaires ; on savait aussi qu'elles provoquent des phénomènes électriques dans des conducteurs voisins, même quand ceux-ci ne sont pas reliés au circuit primaire ; c'est ce qu'on appelait le « choc en retour » de la décharge. Si donc Galvani avait possédé toutes les connaissances scientifiques de son époque, il aurait pu construire la théorie du phénomène qu'il venait d'observer, et son désir de le comprendre aurait été pleinement satisfait.

Par bonheur pour le progrès de la science, son savoir n'était pas si étendu ; aussi varia-t-il ses expériences dans tous les sens pour découvrir la cause du phénomène. Il établit d'abord qu'il se rattachait sûrement à la décharge électrique. Il voulut ensuite savoir si l'électricité atmosphérique pouvait produire le même effet. Pour cela, ayant pris les cuisses de grenouille qu'il avait préparées, il les suspendit au moyen de crochets de fer à la balustrade, également en fer, de son balcon : il constata que, pendant les orages, il s'y produisait des contractions Il voulut voir aussi comment agirait l'électricité atmosphérique qui ne se décharge pas sous la forme d'éclairs, mais il ne put rien observer de net à cet égard. « Fatigué d'avoir attendu longtemps, je courbai les crochets métalliques qui traversaient sa moelle épinière et je les appliquai contre la balustrade de fer, pour voir si par cet artifice il ne se produirait pas des mouvements de muscles... J'observai assez souvent des contractions, mais leur intensité ne variait pas avec les conditions électriques de l'atmosphère. » Aussi croyait-il avoir trouvé, dans la grenouille qu'il avait préparée, un condensateur de l'électricité atmosphérique. « Mais nous nous trompons bien facilement, observe-t-il, au sujet de nos expériences ; nous croyons souvent avoir vu et trouvé ce que nous souhaitions voir et trouver. »

Il se mit ensuite à expérimenter dans son laboratoire. Il plaça la grenouille écorchée sur un disque de fer, qu'il toucha avec le crochet qui traversait la moelle épinière. Il se produisit toujours des contractions quand le crochet était en métal ; elles étaient plus ou moins fortes suivant la nature du métal. Elles étaient très marquées quand, tenant d'une main la grenouille par le crochet de telle façon que ses pattes fussent en contact avec une coupe d'argent, il prenait une tige métallique de l'autre main et maintenait cette tige en contact avec la coupe. Elles devinrent plus fortes encore quand, ayant couvert les nerfs qui étaient à nu avec des feuilles d'étain pareilles à celles qui recouvrent les bouteilles de Leyde, il eut établi une communication métallique entre l'étain et les muscles. Lorsque l'arc au moyen duquel il établissait la communication était composé de *métaux différents*, les contractions étaient beaucoup plus fortes que quand cet arc était formé d'un seul métal ; celui-là déterminait encore dans des préparations vieilles et usées des contractions que celui-ci ne pouvait plus y provoquer. Il ne se produisait aucune contraction quand une partie de l'arc était formée d'une substance ne conduisant pas l'électricité.

En s'appuyant sur l'ensemble de ses observations, Galvani édifia une théorie où la grenouille écorchée est considérée comme une bouteille de Leyde qui se charge spontanément, qui se décharge quand on lui applique un arc métallique, et qui éprouve alors des contractions musculaires. Chaque fibre musculaire représente, d'après cette théorie, une bouteille de Leyde élémentaire, dont l'armature intérieure est formée par une fibre semblable à un nerf et qui conduit l'électricité ; pour Galvani, le cerveau possède le pouvoir de conduire le fluide électrique dans le muscle et de déterminer des décharges.

Ces découvertes extrêmement remarquables, qui avaient coûté plusieurs années de travail à Galvani, furent publiées en 1791 dans un mémoire écrit en latin, qui forme une partie du tome VII des Mémoires de l'Académie de Bologne. Elles eurent aussitôt un grand retentissement (aux dépens des pauvres grenouilles, restées depuis lors les « martyres de la science »). Partout on répéta les expériences de Galvani, dont les principaux résultats furent confirmés. On crut que l'électricité fournissait la solution du mystère de la vie. Nous en voudrons d'autant moins aux savants de cette époque d'avoir conçu et propagé cette idée erronée que près de deux générations plus tard le célèbre physiologiste du Bois Reymond fit de la même idée la base de tous ses travaux.

A partir de la publication de sa grande découverte, l'existence de Galvani fut peu heureuse. L'interprétation qu'il avait donnée des phénomènes observés par lui fit naitre une vive polémique, qui dégénéra en une lutte entre deux écoles et lui causa beaucoup d'ennuis. En outre, il éprouva toute sorte de malheurs domestiques, dont un des plus grands fut la mort de sa femme, qui, à ce que l'on disait, avait pris une part importante à sa découverte. Les conditions politiques de sa patrie changèrent ; ayant refusé de prêter le serment civique exigé par la République cisalpine, il perdit ses divers postes scientifiques. Enfin il fut pris d'une maladie d'estomac très douloureuse, dont il mourut en 1798, sept ans seulement après la publication de sa découverte.

Ainsi que nous l'avons dit, ce n'est pas Galvani lui-même, mais un aide associé à ses travaux, qui avait le premier observé les contractions de la grenouille. Galvani eut le grand mérite de s'intéresser vivement à ce phénomène et d'en faire l'objet de recherches approfondies. Mais ses études médicales ne l'avaient pas suffisamment préparé à ces recherches. Il n'était pas en état de faire le départ entre le côté purement physico-chimique du phénomène et son côté physiologique. Volta fit une étude remarquable du premier; les résultats qu'il obtint le convainquirent lui-même et convainquirent ses contemporains que Galvani se trompait, qu'il n'existait pas d'électricité physiologique. Beaucoup plus tard seulement on a reconnu que la manière de voir de Galvani au sujet des processus électriques qui, dans les conditions de l'expérience, se manifestent dans l'organisme même, était en partie exacte, et que les contractions qu'il obtint dans certains cas, soit en employant un arc fait d'un seul métal, soit sans l'emploi d'aucun métal, étaient réellement dues à des actions telles que celles qu'il avait admises. En négligeant de rechercher pourquoi un arc formé de deux métaux a une action beaucoup plus forte qu'un arc fait d'un seul métal, Galvani ne pouvait découvrir la vérité. Il aurait dû se dire qu'il y avait là une question essentielle à élucider. Si l'arc métallique était, comme il le prétendait, un simple conducteur dans lequel se répartissait uniformément l'électricité propre du muscle (électricité dont il admettait l'existence), on ne comprendrait pas pourquoi un arc composé de deux métaux a une action beaucoup plus forte qu'un arc formé d'un seul métal ; il semble que ce devrait plutôt être le contraire.

Quand on étudie l'histoire de la science, on y voit constamment que de pareils désaccords entre les faits et une théorie conduisent tôt ou tard à choisir en connaissance de cause entre les différentes explications possibles. Aussi quiconque fait des recherches devra-t-il, en présence d'une telle contradiction, s'empresser d'en rechercher la cause, et n'avoir de cesse qu'il ne l'ait trouvée. On ne saurait lui faire de recommandation plus importante. Si le résultat de cette enquête l'oblige à démolir la belle théorie qu'il avait construite, il ne devra pas s'en chagriner, car cette théorie se serait écroulée plus tard d'elle-même, ou, chose plus pénible encore pour son auteur, elle aurait été jetée à bas par la critique.

Peut-être trouvera-t-on qu'il est injuste de mettre à profit les éclaircissements qu'un siècle de travail a apportés à la question étudiée par Galvani, pour faire, en quelque sorte, la leçon à cet homme de mérite. Remarquons d'abord qu'ignorant nos critiques, il n'en souffre pas. D'ailleurs il est de l'intérêt de sa renommée que ses mérites et ses erreurs soient pesés exactement. Enfin la postérité a le devoir de tirer des recherches faites par les auteurs des grandes découvertes tout le profit qu'elles peuvent encore donner ; elle a le devoir de les faire servir à réaliser, si cela se peut, de nouveaux progrès. Or, pour atteindre ce but, il n'est pas moins nécessaire d'étudier la manière elle-même dont ces chercheurs ont travaillé que le contenu de leurs travaux. De même que notre respect pour les savants du temps passé ne nous empêche pas de rejeter toutes celles de leurs idées qui ne s'accordent pas avec l'état actuel de la science, de même il ne doit pas nous empêcher d'analyser, avec un esprit d'impartialité scientifique, leur vie et leur façon de travailler, afin d'apprendre, d'une part, comment on fait des découvertes, et, d'autre part, comment on évite de commettre des erreurs. C'est seulement ainsi que les sacrifices faits par ces savants pourront apporter à l'humanité tout le bien qu'ils souhaitèrent de pouvoir lui faire.

Au moment où est publiée une découverte aussi remarquable et aussi facile à vérifier que l'était celle de Galvani, tout le monde, sans presque pouvoir s'en défendre, adopte dans ce qu'elle a d'essentiel l'interprétation que le savant donne du phénomène qu'il a découvert ; on se borne à critiquer des points accessoires. C'est ainsi qu'Alessandro Volta, qui devait être l'adversaire le plus redoutable de Galvani, accepta d'abord l'idée de celui-ci, à savoir que les animaux ont une électricité propre, et entreprit des études ayant cette idée pour point de départ. S'il était assez naturel qu'il adoptât cette idée, ce n'était pourtant pas inévitable, ainsi que le montre l'exemple d'autres savants. Je nommerai parmi eux le célèbre clinicien Christian Reil, alors professeur à l'Université de Halle, qui s'exprima de la façon suivante : « Je ne m'attends pas à ce que ces phénomènes permettent d'élucider la question de la force vitale qui communique aux muscles le pouvoir de se contracter. Ils me semblent indiquer simplement que les muscles sont très sensibles à l'action de l'électricité, et peuvent se contracter sous l'influence d'une très petite quantité d'électricité produite par le contact de métaux différents. Le temps nous apprendra si ces expériences peuvent servir à déterminer l'électricité des différents métaux ou nous procurer de nouveaux moyens de combattre les paralysies. » La première partie de cette citation contient le programme rempli plus tard par Volta; on y remarque même l'erreur de ce dernier, erreur naturelle pour l'époque, qui consistait à dire que le contact de métaux différents donnait lieu à une production d'électricité. Quant aux hypothèses que renferme la seconde partie, la partie médicale, elles se sont réalisées.

Christian Reil s'exprimait ainsi en 1792. C'est dans la même année que parut le premier travail d'Alessandro Volta, alors professeur de physique à l'Université de Pavie, sur les phénomènes découverts par Galvani. Volta s'était déjà fait un nom par différents travaux de physique et de chimie; il était dans sa quarante-septième année quand il commença ses nouvelles recherches, qui devaient le rendre beaucoup plus célèbre que tout ce qu'il avait fait auparavant.

Dans son travail de 1792, il adoptait complètement les vues de Galvani, et exposait même une expérience au moyen de laquelle il avait essayé de découvrir le sens de la charge dans le muscle considéré comme une bouteille de Leyde. Il avait fait passer, dans la grenouille préparée, une décharge extrêmement faible, d'abord entre un muscle et un nerf, ensuite entre un nerf et un muscle, et il avait remarqué que les contractions n'avaient pas, à beaucoup près, la même intensité dans les deux cas. Il attribuait cette différence au fait que, dans un cas, les deux charges s'ajoutaient, et, dans l'autre, se contrariaient. D'après lui, le nerf était négatif, et l'enveloppe des fibres musculaires, positive.

Galvani avait admis le contraire, en se fondant sur des raisons insuffisantes. Il voulut justifier son opinion et construisit dans ce but une théorie de la bouteille de Leyde; mais cette théorie, imaginée pour les besoins de la cause, ne reposait pas sur des bases physiques solides. Volta la réfuta en montrant qu'un circuit ne comprenant pas de muscle, mais seulement des métaux et un fragment de nerf, peut provoquer des contractions. Puis son attention se porta sur le fait qu'une armature composée de deux métaux différents exerce une action particulièrement énergique, et il donna à entendre qu'en partant de ce fait on parviendrait à la solution de l'énigme.

Il s'engagea alors dans cette voie, et la suivit pendant plusieurs années. Dans une communication qu'il fit en novembre 1792 (la lettre de Reil dont nous avons cité un passage porte la date du

1er novembre 1792 ; elle est donc contemporaine de la communication de Volta), il exprime la pensée fondamentale que la grenouille préparée n'est qu'un *électroscope très sensible* décelant un fait nouveau, à savoir que, quand des métaux sont mis en contact, il y a production d'électricité. « Voilà, en fin de compte, le résultat d'un pareil assemblage de métaux; dans ces conditions, les métaux ne sont pas seulement, comme dans d'autres cas, des conducteurs, mais sont encore de véritables *moteurs* et *générateurs* d'électricité, et c'est là une découverte capitale. »

Des lettres adressées par Volta à différentes personnes, et qui furent aussitôt publiées dans des journaux scientifiques, nous font assister aux phases successives du développement de cette idée fondamentale. Mais ce n'est qu'en 1796 que Volta juge être assez maître de la question pour pouvoir en exposer une théorie complète. La grande difficulté était qu'avec les tensions extrêmement faibles auxquelles on avait affaire, la présence de l'électricité ne pouvait pas être mise en évidence par l'un des procédés ordinaires. Mais il ne se contenta pas d'effectuer des expériences sur une grenouille préparée; il eut encore recours à la sensation éprouvée par la langue lorsqu'on applique des métaux différents sur ses deux faces, et qu'on relie ces métaux entre eux (cette expérience avait déjà été faite longtemps auparavant et avait été décrite par Sulzer dès 1760 ; la langue perçoit même la direction du courant). Il recourut également à la sensation lumineuse que, dans des conditions déterminées, l'électricité provoque dans l'œil. Grâce à l'emploi de ces divers procédés, il put élucider le point principal de la question. Aussi écrit-il à Gren, directeur des *Annalen der Physik* : « Vous voyez maintenant en quoi consiste tout le secret du galvanisme, toute son action. Cette action n'est pas due à autre chose qu'à de l'électricité artificielle mise en mouvement par le contact de conducteurs de différentes espèces. » Il avait montré auparavant qu'il faut au moins trois conducteurs différents. On ne peut, en effet, relier entre eux deux conducteurs que de façon à former un circuit symétrique ; or, d'après le principe de la raison suffisante établi par Leibniz, on ne saurait pas dire dans ce cas pourquoi l'électricité circulerait plutôt dans un sens que dans l'autre ; d'où l'on conclut forcément qu'elle ne se meut pas. Les conducteurs doivent être au nombre de trois au moins pour qu'il soit possible de leur donner deux dispositions différentes qui ne puissent pas être ramenées l'une à l'autre par une rotation ; ces dispositions sont les suivantes :

```
      A                        A
                 et
  B       C                C       B
```

Ce n'est donc que dans le cas où il y a trois conducteurs au moins qu'il peut être question d'un courant dirigé dans un sens déterminé. Les conducteurs peuvent être, comme l'établit Volta, deux métaux et un liquide, ou bien deux liquides et un métal. Il ne se prononce pas sur la question importante de savoir ce qui se passe quand trois métaux ou trois liquides sont mis en contact.

Il y avait une autre difficulté expérimentale à vaincre d'abord. Galvani avait déjà prouvé que l'action était interrompue quand on intercalait dans le circuit un corps non conducteur de l'électricité, et il en avait conclu qu'on avait bien affaire à des phénomènes électriques. Dans la suite, on constata par différentes preuves qu'il y avait conformité, sous le rapport de la conduction, entre l'action nouvellement découverte et celle de l'électricité ordinaire. Cependant il apparut que certaines substances qui sont conductrices pour l'électricité de frottement interrompent l'action galvanique; mais plus tard on s'assura que cela ne tenait qu'à des différences quantitatives, la tension très faible de l'électricité en jeu dans les expériences de Galvani ne pouvant pas vaincre des résistances qui sont vaincues par la tension élevée de l'électricité de frottement. Toutefois il restait encore à établir définitivement si ces phénomènes étaient ou non de nature électrique, et Volta consacra à cette question toute sa sagacité.

L'histoire de la science a pu enregistrer les diverses phases des études qu'il fit à ce sujet. Après différentes tentatives, qu'il abandonna parce qu'elles ne semblaient pas pouvoir donner de résultat, il imagina en 1797 l'expérience qui, pendant un siècle, a été présentée dans tous les cours de physique comme l'*expérience fondamentale de Volta*. Disons tout de suite qu'au regard de la science moderne elle est sans valeur. On sait en quoi elle consiste : on met en contact deux plaques, l'une de zinc, l'autre d'argent ou de cuivre, qu'on a rodées; on les sépare en les tenant par un isolant, puis on examine leur état électrique au moyen d'un électroscope sensible. On constate alors (quand on est favorisé par la chance, car cette expérience fondamentale a ses singularités) que *le zinc est chargé positivement et l'argent (ou le cuivre), négativement.* Pour Volta, c'était la preuve que l'électricité est produite par le contact des métaux entre eux, que sa production n'est point due, ou du moins n'est pas due principalement, au contact des métaux avec les liquides. Comme nous savons aujourd'hui que c'est précisément le contraire qui est vrai, il est d'un grand intérêt de rechercher la raison de l'erreur de Volta.

Cette raison, la voici : de quelque façon que l'on dispose l'expérience, on peut toujours attribuer la production de l'électricité à l'une ou à l'autre cause ; les résultats auxquels on parvient ne diffèrent ni qualitativement ni quantitativement. Nous reviendrons sur ce point lorsque nous traiterons de la loi des tensions de Volta ; pour le moment, nous nous bornerons à ces brèves indications. Volta dit expressément qu'il a longtemps penché à croire que la production de l'électricité avait pour cause principale le contact des métaux avec le conducteur humide. C'est le résultat de l'expérience fondamentale dont il a été question plus haut, l'expérience des deux disques séparés après contact, qui le convainquit que le phénomène était dû uniquement au contact des métaux entre eux.

Il semble au premier abord qu'arrivé à ce point de ses travaux, Volta les ait interrompus pendant quelque temps ; mais, en réalité, il employa ce temps à des études qui devaient avoir pour résultat un progrès décisif de la science dont nous nous occupons ici. Ce progrès considérable fut réalisé au début du nouveau siècle (d'après la manière ordinaire de compter, qui est erronée), c'est-à-dire en 1800 : il consistait dans l'*invention de la pile*.

Comme nous l'avons dit, l'électricité engendrée par un élément unique avait une tension très faible ; par suite il était difficile de démontrer l'existence de cette électricité. C'est évidemment cette difficulté qui donna à Volta l'idée de chercher à augmenter la tension, résultat qu'il obtint en associant un certain nombre d'éléments. Voici, à ce sujet, quelques lignes qu'il écrivit vers la fin de la première série de ses travaux : « Cependant il y a des personnes sur lesquelles de pareilles expériences font plus d'impression quand l'électricité obtenue se manifeste avec intensité, quand les électromètres indiquent beaucoup de degrés, que leurs pendules s'écartent beaucoup de la position verticale, ou même frappent contre les parois de la cage de verre qui les renferme..... Elles aimeraient aussi voir l'étincelle..... Voilà qu'il faut encore que je contente ces personnes. » Il prenait ces désirs beaucoup plus au sérieux que le ton ironique de ce passage ne semblerait l'indiquer, car il consacra plusieurs années de travail à y satisfaire. Quand il y fut parvenu, sa carrière, en tant que créateur, se trouva terminée, quoiqu'il ait vécu bien des années encore.

L'idée nouvelle de Volta consistait à assembler des éléments formés de trois conducteurs en contact et disposés dans un ordre déterminé, de manière à obtenir *une tension qui fût la somme des tensions des éléments* (notons qu'on ne pouvait pas savoir d'avance que les tensions s'additionneraient en effet). Avec un seul élément, la plupart des effets spécifiquement chimiques de l'électricité galvanique ou voltaïque ne se produisent pas ou sont trop faibles pour pouvoir être observés ; grâce à l'augmentation de tension résultant de l'association d'un certain nombre d'éléments, le seuil à partir duquel ces effets se manifestent se trouva dépassé. L'apparition, ainsi déterminée, de phénomènes qualitativement nouveaux, fit réaliser à la science électrochimique des progrès immenses, auxquels Volta ne contribua plus après avoir ouvert la voie qui y conduisait.

Il décrivit la construction de son nouvel appareil dans une lettre à Banks, président de la Royal Society de Londres. Celui-ci laissa cette lettre circuler pendant plusieurs mois parmi ses amis avant de l'insérer dans les *Philosophical Transactions*. De là vient qu'un grand nombre de nouvelles observations, que n'aurait pu manquer de faire tout homme de science étudiant la pile et ses actions, furent faites en réalité par des expérimentateurs anglais, qui, par ailleurs, n'ont pas beaucoup contribué à l'avancement de la science.

Comme nous exposerons dans le prochain chapitre les découvertes électrochimiques dues à l'emploi de la pile, en les reliant à celles qui précédèrent l'invention de cet appareil, nous allons achever maintenant l'histoire des découvertes de Volta relatives à la nature électrique des nouveaux phénomènes.

Pour mettre en évidence la charge électrique d'un élément unique composé de trois conducteurs, Volta avait été obligé d'employer un condensateur; mais il put, sans condensateur, rendre manifeste la tension électrique existant aux deux extrémités d'une pile, c'est-à-dire d'un assemblage d'un certain nombre de ces éléments. Les splendides phénomènes de décharge engendrés par la pile augmentèrent beaucoup l'intérêt que le public prenait aux expériences d'électricité voltaïque. Volta fit connaître deux types de pile. La pile du premier type se compose d'un grand nombre de disques de zinc, d'argent et de carton humide. L'argent fut bientôt remplacé par du cuivre; il semble que ce soit Ritter qui a le premier fait cette substitution. Ces disques furent superposés dans un ordre déterminé, par exemple dans l'ordre suivant: zinc, argent, carton, etc., de façon à former une pile verticale (d'où le nom sous lequel on désigne aujourd'hui tous les appareils de ce genre, quelle que soit d'ailleurs leur disposition); cette pile commençait et finissait par le couple zinc, argent; la tension électrique se développait entre ses extrémités. En fixant à ces extrémités des fils conducteurs et en mettant ces fils en contact l'un avec l'autre, on obtenait, au point de contact, soit des phénomènes d'incandescence, soit des étincelles, suivant la nature du métal dont ils étaient faits. Dans le second type, les lames étaient reliées deux à deux au moyen d'un étrier qui leur était soudé, et plongeaient dans des vases remplis d'eau salée ; chaque vase contenait une lame de zinc et une lame d'argent appartenant à deux couples différents et n'ayant pas de contact entre elles. Les processus dont la pile était le siège se manifestaient non seulement par les étincelles qui se produisaient quand on mettait les fils en contact, mais encore par les secousses qu'on éprouvait quand on intercalait son corps dans le circuit. La ressemblance de ces secousses avec celles que produisent les poissons électriques était aux yeux de Volta ce que son invention présentait de plus intéressant.

L'invention de la pile popularisa le nom de Volta, comme les contractions de la grenouille avaient popularisé celui de Galvani. On répétait partout ses expériences, et c'était le sujet d'innombrables articles dans les journaux scientifiques et autres. Napoléon avait créé un grand prix destiné à récompenser les travaux les plus remarquables se rapportant à l'électricité voltaïque. Volta fut le premier à recevoir ce prix. Il exposa l'ensemble de ses recherches à l'Académie des Sciences de Paris, réunie en séance solennelle. C'est à cette occasion qu'il fit connaitre la loi célèbre qui porte son nom ; malheureusement cette loi, prise dans le sens qu'il y attachait, est inexacte.

Volta voulut réaliser des piles où n'entrassent que des métaux, afin de n'avoir pas à nettoyer les lames ; car ses lames de zinc ne tardaient pas à se couvrir d'une couche d'oxyde, qui en diminuait la conductibilité, et, par suite, affaiblissait l'action de la pile. *Il tenait sa pile pour une véritable machine à mouvement perpétuel*, comme il l'a dit expressément à plusieurs reprises ; la formation de l'oxyde de zinc était, à ses yeux, un phénomène accessoire et inutile, que l'on pourrait empêcher de se produire si l'on s'y prenait bien. Mais toutes celles de ses piles qui étaient composées uniquement de métaux furent incapables de manifester la moindre action électrique.

Volta se trouvait ainsi dans une situation semblable à celle où s'était trouvé autrefois Galvani. Il rencontrait un fait bien net que sa théorie de la production de l'électricité par contact était impuissante à expliquer, et qui, par suite, indiquait une imperfection de cette théorie. Sa culture scientifique, supérieure à celle de Galvani, l'empêcha de passer à l'ordre du jour ; il imagina une théorie des plus ingénieuses pour expliquer le fait. Nous ferons plus loin la critique de cette théorie. Bornons-nous à dire, pour le moment, qu'elle rendait compte de tous les phénomènes de la pile, sauf de *l'oxydation des plaques de zinc, qui se produit toujours. Ce fait, non expliqué, a été fatal à sa théorie, comme l'avait été à celle de Galvani cet autre fait, laissé par lui sans explication, qu'un arc est plus actif lorsqu'il est composé de deux métaux que lorsqu'il est formé d'un seul.*

L'établissement de la « loi des tensions » marqua la fin de la carrière scientifique de Volta, bien que, au moment où il l'établit, il fût loin d'être arrivé au terme de son existence. Après avoir été l'objet des plus hautes distinctions auxquelles un savant de son époque pouvait prétendre, il finit ses jours, près de Côme, dans un repos plein de dignité, entouré de sa famille et visité par de nombreux admirateurs. La direction qu'avaient prise les recherches relatives à la pile ne répondait pas à ses vues ; il la condamnait ; mais il laissa au temps le soin de remettre sur la bonne voie l'humanité égarée, sans rien faire pour arrêter le cours de travaux qui, à son avis, étaient pernicieux.

Ces travaux se rapportaient à ce qui fait précisément le sujet de ce livre, à savoir les actions chimiques de la pile voltaïque. Il ressort des écrits de Volta que les extrémités des fils qu'il avait fixés aux lames terminales de sa pile trempaient dans l'eau l'une près de l'autre, de sorte qu'il se produisait nécessairement entre ces extrémités le phénomène bien connu de la décomposition de l'eau par l'électricité. Or, chose surprenante, Volta ne dit pas un mot de ce phénomène ; c'est donc qu'il ne l'avait pas remarqué. Et, quand on le lui signala, tout ce qu'il trouva à dire, c'est que la pile était une chose si merveilleuse qu'il n'y avait pas lieu de s'étonner qu'elle produisit cet effet remarquable.

Les dernières années de Volta, comme celles de presque tous les savants, nous montrent une chose des plus affligeantes. Tandis que la science progresse avec une vitesse qui s'accélère régulièrement, comme celle des corps abandonnés à eux-mêmes, l'être humain suit la courbe que l'on sait : après l'enfance et la jeunesse, où il se développe peu à peu, vient la maturité, où ses forces restent stationnaires, vient ensuite la vieillesse, avec sa décadence intellectuelle et corporelle. Parfois une mort prématurée arrête brusquement cette courbe ; mais, si l'on parvient à la vieillesse, on n'échappe pas à la décadence. Le savant n'est pas mieux partagé à cet égard que les autres hommes : son cerveau, autrefois si actif et si productif, perd d'abord la mémoire, puis la capacité de s'assimiler les choses nouvelles et de les relier organiquement avec les choses qu'il connait. Le savant reste alors, dans le domaine où il a fait réaliser tant de progrès à la science, à l'endroit jusqu'où ses forces l'avaient porté ; et si, dans ce domaine, il fut jadis à la tête de ses contemporains, ceux-ci le rejoignent maintenant sur le chemin qu'il a frayé, puis le dépassent. Si rien ne l'avertit de sa décadence, il continue à vouloir diriger les autres alors que, depuis longtemps, il a perdu jusqu'à la capacité de s'assimiler les progrès que ces autres réalisent à leur tour. Ce qui vaut le mieux pour son bonheur, c'est que, à l'exemple de Volta, il laisse au temps le soin de décider quelle est la bonne voie. Mais il y a des savants que des scrupules de conscience empêchent de se retirer de la lutte. On les voit employer le reste de leurs forces à combattre une idée nouvelle, dans la persuasion que ceux qui la défendent font fausse route. Les derniers jours de ces savants sont forcément malheureux. La science fait plus de victimes de cette espèce qu'on ne s'en doute communément.

CHAPITRE IV

RITTER ET DAVY

Les faits rapportés dans le chapitre précédent nous ont, en apparence, éloignés de notre sujet, car, ni à propos des recherches de Galvani ni à propos de celles de Volta, il n'a été question de processus chimiques. Ce n'est pas que les phénomènes observés par eux ne relevassent pas de la chimie ; tous étaient dus à des causes chimiques (même les contractions physiologiques obtenues par Galvani sans employer de métaux). Mais c'est que, dans la recherche des causes de ces phénomènes, Galvani et Volta firent également fausse route, le premier cherchant ces causes dans la force vitale, le second dans le *contact des métaux*.

Nous savons aujourd'hui que l'idée de Volta ne peut être exacte ; si, en effet, une force électromotrice naissait du simple contact des métaux, on pourrait construire une machine à mouvement perpétuel, c'est-à-dire créer du travail (électrique) *ex nihilo*. Volta comprenait parfaitement, lui aussi, que telle était la conséquence de son idée ; il tenait, nous l'avons déjà dit, sa pile pour une véritable machine à mouvement perpétuel, et il se donna une peine extrême pour lui faire réaliser ce mouvement. Ainsi ce qui, pour le physicien moderne, est une raison suffisante pour déclarer fausse l'idée de Volta était précisément pour lui un motif de la poursuivre avec ardeur. Et lorsque, après des essais répétés, il dut reconnaître qu'il n'est pas possible de construire une pile active rien qu'avec des métaux, il n'en conclut pas que son idée fondamentale, d'après laquelle le contact de deux métaux mettait en mouvement de l'électricité, était erronée : il conclut à l'existence d'une loi en vertu de laquelle les tensions engendrées dans une pile composée uniquement de métaux s'annulaient mutuellement, ce qui rendait cette pile inactive.

Comme l'opinion de Volta a causé d'innombrables soucis aux hommes de science pendant près d'un siècle — c'est le temps qu'il a fallu pour qu'on arrivât à en démontrer la fausseté — nous allons l'examiner de près ; cette étude, d'ailleurs, nous aidera à comprendre les travaux d'électrochimie accomplis au cours du XIXe siècle.

D'assez bonne heure déjà, Volta avait constaté que les différents métaux sont loin d'être également actifs, et que, sous le rapport de l'activité, on peut les ranger en une série telle qu'une pile composée de deux d'entre eux est d'autant plus active que ces deux métaux sont plus éloignés l'un de l'autre dans cette série. Il observa en outre ceci : A, B et C étant trois métaux, qui se présentent ainsi rangés dans la série, si, en les combinant deux à deux, ils donnent, avec un conducteur humide, les tensions (A, B), (B, C), (A, C); on a toujours la relation : (A, B) + (B, C) = (A, C); c'est-à-dire que, si on ajoute à la tension de A et B, associés au conducteur humide, celle de B et C associés à ce conducteur, la somme obtenue est égale à la tension de A et C associés à ce même conducteur. Si donc on construit une pile A F B F C et une pile A F C (F représentant le conducteur humide), elles auront toutes deux la même tension. Enfin il observa, comme nous l'avons déjà dit, que l'on peut associer entre eux autant de métaux que l'on voudra, de toutes les façons possibles, sans jamais obtenir la moindre tension.

On peut évidemment interpréter ces faits de deux façons. Voici une première théorie. On conclut de la dernière observation qu'aucune tension ne naît du contact des métaux entre eux. D'autre part, les métaux donnent des tensions avec les conducteurs humides, et deux conducteurs humides différents donnent des tensions l'un avec l'autre. Il résulte de là que *le siège des tensions est aux surfaces de contact des métaux avec les conducteurs humides et aux surfaces de contact des conducteurs humides les uns avec les autres.*

D'après cela, voici comment les choses se passent. Dans la pile A F B F C, le métal placé au milieu est en contact des deux côtés avec le même conducteur humide, et donne naissance, par suite, à deux tensions égales; mais ces tensions, étant de sens contraires, se neutralisent. Il reste à considérer les surfaces de contact A F et

F C. Les tensions à ces surfaces de contact sont également de sens contraires ; la tension résultante est donc égale à la différence des tensions provenant du contact des métaux A et C avec le liquide. Plus généralement, si l'on intercale dans la pile un nombre quelconque de métaux, en plaçant chacun d'eux entre deux conducteurs humides, leurs tensions s'annuleront réciproquement, tout comme celles de B ; la tension de la pile ne dépendra que des métaux extrêmes A et C : c'est, en effet, ce que montre l'expérience. On peut calculer de pareille manière les tensions données par n'importe quel assemblage de métaux et de conducteurs humides : les résultats du calcul concordent toujours absolument avec ceux que donne l'expérience.

Voici maintenant l'autre théorie, celle de Volta. Il croyait que les choses se passaient de la manière exactement inverse. Il admettait qu'il ne s'établissait pas de tensions (ou qu'il s'établissait seulement des tensions infiniment petites) entre les métaux et le liquide, et que les tensions observées provenaient du contact des métaux entre eux. Et voici comment il expliquait la tension qui se produit dans l'assemblage A F B, où il n'y a de contact qu'entre les métaux et le liquide. Il faisait remarquer qu'on est obligé d'employer un conducteur métallique pour relier cet assemblage à l'électromètre au moyen duquel on mesure la tension. Si ce conducteur est fait du métal A, on obtient une pile A F B A ; par suite, l'électromètre doit indiquer la tension B A. Si le conducteur est formé du métal B, on réalise une pile B A F B, et l'on a de nouveau le contact B A. Enfin si l'on relie l'assemblage à l'électromètre au moyen d'un conducteur fait d'un troisième métal C, on obtient la pile C A F B C ; les deux contacts producteurs de tensions sont C A et B C ; additionnant les tensions C A et B C, on obtient C A + B C ; mais, d'après la loi admise par Volta, cette somme de tensions est égale à la tension B A : la tension de cette troisième pile est donc la même que celle des piles précédentes. Si A F B F C donne la même tension, la cause en est, d'après Volta, qu'il n'existe pas de tension dans l'assemblage lui-même ; la tension accusée par l'électromètre est due à l'emploi du conducteur métallique reliant cet appareil à l'assemblage.

Le lecteur se dira peut-être : A quoi bon tant de paroles ? Pour savoir laquelle des deux théories est exacte, on n'a qu'à voir s'il existe ou non une tension entre les métaux. Malheureusement c'est là une constatation impossible à faire. Quand on met en contact deux métaux et qu'on les relie ensuite à l'électromètre, il résulte de la loi de tension de Volta qu'il ne peut se manifester aucune action, parce que les tensions admises par Volta se compensent, ainsi que l'on s'en convainc en les additionnant. De quelque façon que l'on tourne et retourne la chose, on constate que chacune des deux théories rend bien compte des faits, de sorte que l'état actuel de la science ne permet pas de résoudre la question.

Car c'est à tort que Volta croyait l'avoir résolue. Il constata que, lorsqu'on isole deux plaques formées de métaux différents, au moyen d'une substance isolante (en vernissant leur surface, par exemple), qu'on les relie métalliquement, qu'on interrompt la communication et qu'ensuite on les sépare, elles se montrent chargées électriquement. D'après lui, ce dispositif, ne comportant pas d'autres contacts que des contacts entre des métaux, fournissait la preuve que le contact entre des métaux donne naissance à de l'électricité. Mais les adversaires de Volta auraient pu dire qu'il n'y a pas d'isolant véritable, et que la couche de vernis qui se trouvait entre les deux métaux avait agi comme le conducteur humide de la pile ordinaire. Lorsque, plus tard, on employa comme isolant de l'air au lieu de vernis, on aurait pu faire la même objection. Et dans ces derniers temps, où l'on a appris à augmenter, au moyen des rayons Röntgen ou des rayons émis par le radium, la conductibilité propre de l'air, qui est très minime, on a constaté que de pareils dispositifs se comportent exactement comme ils le feraient si on y remplaçait l'air par un conducteur humide.

Bien entendu, à l'époque de Volta on ignorait que les substances réputées isolantes agissaient, dans le cas du dispositif précité, comme le fait un conducteur humide. Lorsqu'il publia ses expériences, on les jugea aussi probantes que sa théorie était ingénieuse; et, des doutes ayant été émis quelque temps après sur l'exactitude de cette théorie, elle trouva de nombreux et ardents défenseurs.

La raison de ces doutes, c'est que *des phénomènes chimiques se manifestaient avec une grande netteté chaque fois qu'on faisait des expériences de galvanisme et de voltaïsme.* Mais on ne tirait pas de ce fait d'autre conclusion sinon que la théorie de Volta devait être inexacte. Or Johann Wilhelm Ritter avait fait (en 1792, c'est-à-dire deux ans avant l'invention de la pile) une découverte fondamentale, à savoir que *la série des tensions des métaux, telle que Volta l'avait établie, était identique à la série où les métaux sont rangés dans l'ordre de leur affinité décroissante pour l'oxygène.* Pour établir cette dernière série, on s'était fondé sur un phénomène connu dès le XVIIe siècle, celui de la *précipitation des métaux les uns par les autres* (de l'argent par le cuivre, du cuivre par le plomb, du plomb par le zinc, etc.).

Ritter fit en outre une expérience capitale, qui se rattache à des essais effectués par Ash à Oxford, essais que Humboldt avait fait connaître, et d'où il était résulté que le zinc plongé dans l'eau s'oxyde beaucoup plus vite quand il repose sur une plaque d'argent. Il perça une planchette de quatre trous, en ayant soin qu'ils fussent deux à deux près l'un de l'autre, et introduisit dans chaque paire de trous une tige de zinc et une tige de bismuth. Chaque couple de métaux était en contact, à sa partie inférieure, avec une goutte d'eau ; en outre, les deux tiges d'un des couples étaient reliées entre elles par un morceau de métal placé sur leur extrémité supérieure. Ritter constata que la tige de zinc non reliée à la tige de bismuth voisine ne s'oxydait que d'une façon à peine perceptible, et que le seul fait d'avoir placé un morceau de métal sur le haut de l'autre couple suffisait à déterminer, en quelques heures, une oxydation très considérable de la tige de zinc faisant partie de ce couple. L'hydroxyde de zinc ainsi produit se portait vers le bismuth sous la forme d'un précipité blanc. Ritter fit une variante de cette expérience : sur une plaque d'argent (un thaler usé), il déposa une goutte d'eau, sur le bord de laquelle il mit un petit morceau de verre; puis il plaça l'une des extrémités d'une lame de zinc sur la plaque d'argent, et l'autre sur le morceau de verre, de telle façon que cette lame de zinc touchât la goutte d'eau. Dans ces conditions, le zinc s'oxyda très rapidement. Une simple feuille de papier introduite entre le zinc et l'argent, là où auparavant ces métaux étaient en contact, suffisait à empêcher le zinc de s'oxyder.

Pour comprendre l'importance de ces expériences, il faut songer qu'à cette époque l'identité de l'agent galvanique et de l'électricité n'avait aucunement été démontrée, et qu'on ne possédait pas d'autre moyen de mettre en évidence l'agent galvanique que de lui faire provoquer des contractions chez une grenouille. Ritter avait d'abord répété sur une grenouille, en les élargissant, les expériences d'où Volta avait déduit sa série des tensions; c'est de cette manière qu'il avait constaté que la série d'oxydation des métaux est identique à cette série des tensions. Les expériences que nous venons de citer montraient que de deux métaux et un liquide pouvait naître un agent capable de provoquer un phénomène chimique. Le côté le plus important de cette découverte était, aux yeux de Ritter, qu'il en résultait que « *le galvanisme agit également dans la nature inorganique* ». Le galvanisme étant identique avec l'électricité, il résultait aussi de la découverte de Ritter que *des réactions chimiques pouvaient produire de l'électricité*, ou, pour s'exprimer d'une façon plus circonspecte, qu'il existait une connexion causale entre les phénomènes chimiques et les phénomènes électriques, car lorsque, dans les expériences en question, on interrompait la conduction électrique, les actions chimiques s'interrompaient également.

Par ces expériences Ritter fonda l'électrochimie scientifique, car ce sont elles qui, pour la première fois, ont fait voir nettement qu'il existe une connexion entre les phénomènes chimiques et les phénomènes électriques. Ce qu'on savait jusque-là de « l'électricité de contact » pouvait être exposé, comme le faisait Volta, sans qu'il fût question de phénomènes chimiques. Car jusqu'à 1800, année où la pile fut inventée par Volta, on ne connaissait que ce qu'on appelait le galvanisme « simple », c'est-à-dire les phénomènes qui se produisent quand on associe deux métaux avec un conducteur liquide. En langage moderne, *on ne disposait pas de tensions supérieures à un volt environ* ; dès lors on ne pouvait pas provoquer de processus électrolytiques, attendu qu'ils comportent le plus souvent une polarisation plus forte. Les choses changèrent subitement quand, par suite de l'invention de la pile, on put augmenter à volonté la tension : il fut dès lors possible de décomposer au moyen du courant de grandes quantités de composés chimiques.

Avant d'exposer les progrès immenses dus à l'invention de la pile, nous allons tracer une courte biographie de Ritter, envers qui les historiens sont fort injustes, car, loin de le signaler comme le fondateur de l'électrochimie, c'est à peine s'ils mentionnent son nom.

Johann Wilhelm Ritter naquit en 1776 à Samitz, en Silésie. Ses parents étaient très pauvres. Poussé par un vif désir de s'instruire dans les sciences physiques et naturelles, il fit des études de pharmacie ; puis il trouva moyen d'aller à Iéna, où, d'abord étudiant et bientôt professeur, il manifesta une puissance de travail incroyable. Quelques étudiants l'ayant prié de faire des leçons sur le galvanisme, auquel tout le monde prenait alors le plus vif intérêt, le collège des professeurs d'Iéna refusa de l'y autoriser parce qu'il n'était pas professeur en titre ; il ne put réaliser le vœu de ces étudiants que grâce à l'intervention du duc Charles Auguste, qui manifesta ainsi, une fois de plus, sa largeur d'esprit. D'Iéna il alla à Gotha, où il passa quelques années et où le duc Ernest II de Gotha et Altenbourg, qui s'intéressait beaucoup aux sciences physiques et naturelles, lui fournit les ressources nécessaires pour construire une pile de dimensions inusitées. Malheureusement le duc mourut peu après l'arrivée de Ritter à Gotha. Pendant assez longtemps celui-ci mena une vie quelque peu errante, habitant tantôt Iéna, tantôt Weimar et tantôt Gotha; enfin, en 1804, il fut nommé professeur à l'Université de Munich. Cette position comportait des émoluments plus élevés que ceux dont il avait joui jusqu'alors; mais, comme il s'entendait peu à l'économie domestique, il n'en eut pas moins des embarras d'argent. Son intervention en faveur d'un certain fontenier du nom de Campetti lui suscita des difficultés avec ses collègues. Il mourut en 1810, à l'âge de trente-quatre ans.

Pendant sa courte existence, Ritter, qui est, comme nous l'avons dit, le fondateur de l'électrochimie, a fait un nombre fabuleux de travaux scientifiques. Parmi ses découvertes et ses inventions, quelques-unes sont de premier ordre. Il a été le premier à construire la pile dite sèche, dont il a donné la théorie exacte (cette pile est généralement appelée pile Zamboni, quoique Zamboni ait imaginé la pile sèche bien après Ritter). Il a inventé ou découvert la *polarisation*, l'*accumulateur*, les *propriétés électrochimiques des amalgames*, puis (en même temps que les physiciens anglais) la *décomposition de l'eau par la pile voltaïque*, enfin les *phénomènes de mouvement présentés par le mercure polarisé*, les *piles de concentration* et les *rayons ultra-violets du spectre*. De plus il a fait des travaux dans le domaine de l'électrophysiologie, etc.

Il a exposé ses recherches dans des écrits extrêmement étendus; mais aucun ne constitue pour la postérité un document classique. Ce fait singulier tient d'abord à ce qu'il appartenait, comme Priestley, au type des savants produisant très vite ; ensuite à ce qu'il s'était jeté à corps perdu dans la philosophie naturelle, qui fleurissait alors en Allemagne. L'homme de science et technicien mystique Novalis était son idéal (d'ailleurs il avait aussi une admiration enthousiaste pour Herder, un des plus grands génies créateurs que l'Allemagne ait produits). Il résultait de la rapidité avec laquelle il écrivait, et de la tournure d'esprit que nous venons de signaler chez lui, que son style était extrêmement négligé et abstrus ; aussi ses écrits sont-ils presque illisibles. Il les envoyait à l'impression sans prendre le temps de les corriger, d'en élaguer le superflu. A chaque instant, l'exposé d'expériences ingénieuses y est interrompu par des digressions, où il donne libre cours à son imagination.

Toute sa vie, Ritter fut passionné pour l'expérimentation ; de là vient qu'il a découvert tant de choses, et des choses si importantes. Il avait d'ailleurs des vues très claires et très justes au sujet de la méthodologie scientifique. Si, à la première inspection de ses écrits, on est porté à le tenir pour un rêveur, quand on les étudie de près on ne tarde pas à se convaincre que, mieux que la plupart des savants de son époque, il savait analyser un phénomène compliqué en ses éléments, et par suite déterminer la position scientifique qui lui revient, c'est-à-dire l' « expliquer ».

Ainsi que nous l'avons dit, Ritter est le seul

qui ait reconnu avant l'invention de la pile la connexion existant entre les phénomènes chimiques et les phénomènes électriques (connexion d'où il conclut que tout le chimisme peut se ramener au galvanisme). Quant à la décomposition de l'eau par la pile, qu'il crut être le premier à signaler, elle avait déjà été découverte peu de temps auparavant par des savants anglais, qui, par suite des circonstances rapportées plus haut, avaient eu connaissance avant lui de l'invention de cet appareil. Les premiers savants qui aient observé la *décomposition de l'eau par la pile* sont Nicholson et Carlisle.

Nicholson était alors rédacteur en chef d'un journal scientifique, après avoir été employé de la Compagnie des Indes, voyageur de commerce pour une fabrique de poterie, directeur d'école et ingénieur; Carlisle était médecin praticien et professeur de médecine à Londres. Dans leur première communication, ces deux auteurs firent connaître un certain nombre de faits importants. Le fait même de la décomposition de l'eau n'avait pas de quoi surprendre, car Cavendish avait déjà obtenu cette décomposition au moyen de l'électricité. Ce dont il y avait lieu de s'étonner, c'est que *les deux composants de l'eau se dégageaient séparément, l'oxygène à l'un des fils, l'hydrogène à l'autre.* Carlisle et Nicholson observèrent aussi qu'à l'électrode où se dégageait l'oxygène l'eau était acide, et qu'elle était alcaline à l'électrode où se dégageait l'hydrogène.

Soit faute des connaissances nécessaires, soit

manque de temps, ils n'essayèrent pas d'expliquer ces faits remarquables. Cruikshank découvrit qu'en employant comme liquide intermédiaire une solution de sel ammoniac, au lieu d'eau, on obtient des acides beaucoup plus actifs. Opérant sur des solutions de sels d'argent, de cuivre, de plomb et d'autres métaux lourds, il vit ces métaux se précipiter à l'électrode où se porte l'hydrogène. Il établit qu'au moyen d'un fil de liaison on peut faire en sorte que l'action de la pile s'exerce dans deux masses séparées; il en est du fil de liaison comme des fils reliés à la pile elle-même : il se dégage des gaz à ses extrémités, ou bien celles-ci se dissolvent. De plus, il construisit une pile d'une nouvelle forme, la « pile à auge » : dans une auge prismatique sont disposées verticalement des plaques doubles faites de zinc et de cuivre, et leurs intervalles sont remplis de liquide. Il obtint ainsi une forme de pile qui a été très employée dans la suite. D'autre part, Haldane établit que, dans un espace vide d'air ou simplement clos, l'activité de la pile cesse bientôt, ce qui montre que l'oxygène de l'air joue un rôle essentiel dans son fonctionnement. D'autres observateurs firent des communications de peu d'intérêt.

Tous ces faits, qui indiquaient avec une grande netteté que *l'activité de la pile est liée de la façon la plus étroite à des réactions chimiques*, portèrent les hommes de science à abandonner la théorie du contact de Volta pour une théorie chimique. Toutefois il fallut encore des recherches très longues et très laborieuses pour pouvoir édifier une théorie chimique satisfaisante des phénomènes galvaniques, et ce n'est que dans les derniers temps qu'on a réussi à rattacher ensemble les plus importants d'entre eux. Mais, dans l'intervalle, la science s'enrichit de la découverte de toute une série de phénomènes extrêmement importants.

Personne ne contribua plus à ces nouveaux progrès que Humphry Davy. Il naquit en 1778 à Penzance, dans les Cornouailles ; son père, ciseleur en bois, possédait une modeste aisance. Il fit ses études au collège de sa ville natale, mais tira peu de profit de l'enseignement qu'on y donnait ; il faisait souvent l'école buissonnière pour aller pêcher ou collectionner des pierres dans les environs (dans son âge mûr, il disait parfois qu'il s'était développé davantage pendant le temps passé hors du collège que pendant celui où il y suivait des leçons). Des amis lui prêtèrent des livres de science, et, pour avoir une profession, il entra en apprentissage chez un médecin. A cette époque, les médecins préparaient leurs médicaments eux-mêmes ou les faisaient préparer par leurs apprentis. Davy ne se contenta pas de préparer des médicaments ; négligeant ses études médicales, il se mit à faire toute sorte d'expériences de physique et de chimie. Il avait transformé en une machine pneumatique un clysopompe qu'on lui avait donné. Au moyen de cette machine et d'une vieille montre, il fit une expérience qui est encore célèbre aujourd'hui, dans le but de savoir si la chaleur était une substance, suivant une opinion très répandue alors, ou bien une espèce de mouvement, ou quelque chose de semblable. Son dispositif lui permettait de réaliser, dans le récipient de sa machine, où il avait fait le vide, le frottement de deux morceaux de glace l'un contre l'autre. Il constata la fusion partielle de la glace. Cela prouvait que, ainsi qu'il l'avait pensé, la chaleur n'est pas une substance, car la cloche de sa machine pneumatique aurait empêché toute substance de pénétrer dans le récipient.

Ce travail, et quelques autres encore, attirèrent sur Davy l'attention du monde savant, et, en 1797, il fut nommé chimiste assistant dans un « Institut pneumatique » de Bristol, où l'on se proposait d'étudier les propriétés médicales des gaz récemment découverts. C'est dans cet Institut qu'il découvrit les effets narcotiques du protoxyde d'azote ou gaz hilarant, effets qu'il décrivit avec beaucoup de talent. Cette découverte eut le plus grand retentissement. C'est aussi dans cet établissement qu'il commença ses travaux sur la pile, qui venait d'être inventée.

En 1801, Davy fut nommé professeur de chimie à la « Royal Institution », association fondée, depuis peu, à Londres, pour l'avancement et la vulgarisation des sciences physiques et naturelles. Il y devint très rapidement le favori de la « bonne société » c'est-à-dire des personnes riches et oisives. Ses nouvelles occupations l'empêchèrent d'abord de poursuivre ses travaux personnels ; mais bientôt, et malgré des distractions de tout genre, il entreprit, sur les actions de la pile galvanique, des recherches qui lui valurent d'être rangé parmi les plus grands savants du siècle.

En premier lieu il voulut savoir d'où proviennent les acides et les alcalis dont, la plupart du temps, on peut constater la présence au voisinage des électrodes, dans la décomposition galvanique de l'eau. Par une série d'expériences de plus en plus délicates, il prouva que ces acides et ces alcalis proviennent toujours de sels contenus, en petites quantités, dans l'eau en expérience; l'action de la pile sépare ces sels en bases et en acides, qui se rendent aux électrodes. Quant à l'origine de ces matières salines, il reconnut qu'elles proviennent des récipients que l'on emploie d'ordinaire pour y placer l'eau en expérience; ceux-ci cèdent toujours à l'eau des traces de substances solubles; ce n'est que dans des capsules de platine qu'il put conserver de l'eau dans un état de pureté suffisant.

Ce qui faisait l'importance de cette constatation, c'est qu'elle coupait court aux discussions qui régnaient alors sur l'origine de ces acides et de ces alcalis; il en résultait, en effet, que *le galvanisme n'engendre pas de nouvelles substances*, mais se borne à décomposer les substances actuellement présentes en leurs éléments, et à conduire ceux-ci aux électrodes.

Davy fit ensuite de nombreuses recherches expérimentales sur les déplacements ainsi opérés par le courant, et voici ce qu'elles lui apprirent: le courant entraîne dans un sens les composants basiques des sels, et dans le sens opposé leurs composants acides; ce phénomène se produit dans toutes les parties du circuit : il se manifeste aussi bien lorsque les solutions salines sont en contact immédiat avec les fils que lorsqu'elles en sont séparées par d'autres conducteurs.

Ces expériences amenèrent Davy à se demander si l'on ne pourrait pas utiliser le courant pour décomposer des substances jusque-là réfractaires à toute décomposition, mais que, pour des raisons d'analogie, on pensait n'être pas des corps simples. Après bien des essais infructueux, il réussit finalement (1806) à décomposer une petite partie d'un morceau de potasse humide ; à la face supérieure de ce fragment apparurent de petits globules d'un métal qui brillait comme de l'argent, et qui, par suite de la chaleur développée par cette décomposition, avait la fluidité du mercure. Ce nouveau métal possédait des propriétés étonnantes, inouïes : il n'était pas beaucoup plus dense que l'eau, et, quand on le projetait sur l'eau, il s'enflammait spontanément et brûlait avec une flamme rouge très brillante. Comme, à cette époque, on ne connaissait que des métaux lourds et relativement inaltérables dans l'air et dans l'eau, ce nouveau corps, que Davy appela potassium, et dont la découverte fut bientôt suivie de celle du sodium, ne pouvait qu'exciter le plus grand étonnement.

La nouvelle de la découverte du potassium se répandit rapidement dans tous les pays civilisés, malgré l'état d'agitation où les avaient mis les guerres de conquête de Napoléon. Davy avait déjà reçu, pour ses recherches précédentes, le grand prix (p. 60) que l'Académie des sciences de Paris décernait annuellement à l'auteur des travaux les plus remarquables sur le galvanisme. Après sa découverte, la réputation du savant s'accrut tellement qu'on lui conféra, à lui seul parmi tous les Anglais, le droit de se rendre en France et d'y circuler à sa guise.

Il n'usa de ce privilège qu'un peu plus tard, car, immédiatement après sa grande découverte, il fit une grave maladie, qui provenait sans doute de ce qu'il joignait les fatigues de distractions mondaines à celles d'un labeur acharné. Peu après son voyage en France, il épousa une veuve riche ; et, comme il possédait également une assez jolie fortune, que lui avaient procurée ses fonctions et la vente de ses ouvrages, il se démit de la charge qu'il remplissait à la « Royal Institution ».

Davy se consacra désormais à des questions plus pratiques. Tout le monde connaît sa *lampe de sûreté*, destinée à prévenir l'inflammation des mélanges explosifs de *grisou* et d'air atmosphérique qui se forment dans les mines de charbon (à l'époque où il inventa cette lampe, les explosions de grisou faisaient un nombre énorme de victimes en Angleterre). Il inventa aussi un procédé extrêmement ingénieux pour empêcher le revêtement de cuivre des navires de s'oxyder sous l'action de l'eau de mer. Ce procédé consistait à fixer à la surface du cuivre quelques morceaux de fer : de cette façon, il se produisait un faible courant, par lequel l'acide provenant de la décomposition du sel dissous dans l'eau de mer était transporté sur le fer, et la base sur le cuivre ;

celui-ci se trouvait ainsi protégé ; en même temps, l'oxygène de l'eau était transporté sur le fer, et son hydrogène sur le cuivre. Malheureusement ce procédé ne donna pas, dans la pratique, de bons résultats. Les plaques de cuivre n'étaient pas attaquées, mais, par suite des processus que nous venons de signaler, il s'y déposait tant de magnésie que les plantes et les animaux y pullulaient, ce qui gênait considérablement la marche des navires ; aussi le procédé fut-il abandonné.

Ces actions chimiques, si remarquables, de la pile prouvaient avec la plus grande netteté l'existence d'une relation étroite entre l'électricité fluante qu'elle met en mouvement et les réactions que manifestent des solutions intercalées dans la portion interpolaire de son circuit. Des réactions semblables s'effectuent dans les liquides que l'on met entre les deux lames de la pile elle-même, et l'oxydation des lames de zinc fut considérée, à juste titre d'ailleurs, comme la cause du mouvement de l'électricité. Pour expliquer l'ensemble de ces phénomènes, Davy établit toute une théorie électrochimique des corps composés, d'après laquelle les atomes, en se rapprochant, se chargeaient d'électricité. Cette idée, qui est aussi à la base de la théorie de l'électricité de contact de Volta, n'a pas donné lieu à des développements ultérieurs.

En même temps que Davy, un autre chercheur étudiait l'action décomposante de la pile : ce chercheur, c'était Jöns Jakob Berzelius, né en 1779. Le mémoire où il exposa ses recherches, faites en collaboration avec Hisinger, parut en 1803; c'est un des premiers qu'il ait publiés. Autant les découvertes de Davy avaient été brillantes, autant le mémoire des savants suédois était modeste. Ils établissaient que, lorsqu'on intercale dans le courant des solutions aqueuses de sels de métaux alcalins et alcalino-terreux, les acides se portent à l'une des électrodes et les bases à l'autre. Ce phénomène, qui d'ailleurs était déjà connu, amena plus tard Berzelius à penser *que tous les sels sont composés d'acides et de bases, et, de plus, que toutes les autres combinaisons chimiques ont, comme les sels, une composition binaire.* Quant à la cause de la décomposition électrique, elle résidait, d'après lui, dans le fait que les atomes portaient les uns une charge électrique positive, les autres une charge électrique négative; les électricités contraires se neutralisaient à l'instant où les atomes se combinaient et produisaient alors de la chaleur et parfois des phénomènes lumineux. Il se fit à lui-même l'objection qu'une fois la décharge des atomes effectuée, il n'y a pas de raison pour qu'ils restent unis, car l'attraction qu'ils exerçaient les uns sur les autres en vertu des électricités contraires dont ils étaient chargés, attraction qui avait déterminé leur rapprochement, a naturellement cessé. Il ne put pas résoudre cette difficulté, laissa à l'avenir le soin de le faire, et ne s'en tint pas moins à sa théorie, parce qu'elle se prêtait tout à fait à l'interprétation des phénomènes chimiques.

Berzelius resta fidèle à cette théorie pendant

toute sa vie, qui fut longue et féconde en travaux scientifiques. Toutefois il modifia de bonne heure ses idées sur certains points où les travaux d'autres savants lui prouvaient péremptoirement qu'il s'était trompé. Ainsi sa théorie l'avait conduit à considérer le chlore comme une combinaison de l'oxygène avec un élément inconnu, le *murium;* mais lorsque plus tard Davy eut nettement démontré la nature élémentaire du chlore, Berzelius ne persista pas dans son erreur. Wöhler raconte, à ce sujet, une anecdote amusante : Un jour que, nettoyant un récipient, la servante de Berzelius fit la remarque qu'il sentait l'acide muriatique oxydé, Berzelius lui dit que le produit qu'elle sentait ne devait plus être appelé acide muriatique oxydé mais chlore. Plus tard il perdit cette souplesse d'esprit qui permet d'adopter des idées nouvelles, et, vers la fin de sa vie, il employa ses dernières énergies à défendre la théorie, devenue pourtant indéfendable, du dualisme électrochimique.

Chose remarquable, après le travail de jeunesse qui l'avait conduit à établir sa théorie électrique, ce grand chimiste ne fit plus de recherches expérimentales d'électrochimie. Cela tient à ce que le but principal qu'il avait eu en vue en construisant cette théorie était de pouvoir, grâce à elle, établir la systématique chimique, c'est-à-dire ordonner les composés d'une façon rationnelle et claire. D'après lui, tous les composés chimiques étaient des composés binaires. Les composés les plus simples étaient formés d'un atome positif et d'un atome négatif. Mais en général les électricités des composants ne se neutralisaient pas complètement ; il restait un *excédent* soit positif soit négatif. Par suite, un composé binaire à excédent positif et un composé binaire à excédent négatif pouvaient agir l'un sur l'autre comme deux éléments chargés d'électricités contraires, et donner ainsi naissance à un composé de second ordre. De même, les *composés de second ordre* pouvaient engendrer des *composés de troisième ordre*, ceux-ci des *composés de quatrième ordre*, etc.

En appliquant ainsi sa théorie, Berzelius fit passer à l'arrière-plan ce qu'elle contenait de proprement électrochimique (en effet, il ne chercha pas à mettre en évidence, par la décomposition électrique de composés complexes, les charges électriques dont il affirmait l'existence) ; aussi cette théorie n'exerça-t-elle tout d'abord aucune influence sur les progrès de l'électrochimie proprement dite. On constata plus tard que la seule partie exacte de sa théorie était la modification qu'il y avait apportée, sous l'influence des découvertes de Davy, en admettant la nature élémentaire du chlore. Le reste de sa théorie dut être modifié dans le même sens. Il apparut que, comme les composants du sel provenant de l'action du chlore sur un métal sont, naturellement, le chlore et ce métal, et non pas l'acide chlorhydrique et un oxyde de ce métal, de même le sulfate de sodium, par exemple, ne doit pas être considéré, ainsi qu'il l'était par Berzelius, comme un composé d'acide sulfurique et de soude (plus exactement, de trioxyde de soufre et d'oxyde de sodium), mais comme une combinaison de sodium avec un complexe formé d'un atome de soufre et de quatre atomes d'oxygène (ce complexe est connu aujourd'hui sous le nom de sulfation).

Nous constatons ici, une fois de plus, que nulle part un radicalisme absolu n'est aussi nécessaire que dans la science, où les concessions restreintes retardent toujours le progrès. Si Berzelius, après avoir admis, sous l'influence des découvertes de Davy, la nature élémentaire du chlore, avait également admis cette conception du même savant que les éléments des sels sont, d'une part, *des métaux* et, d'autre part, *ce qui est combiné avec eux*, il se serait probablement épargné bien des difficultés. Mais il appartenait au type des savants lents et circonspects; il n'avançait jamais que pas à pas; et nous devons convenir qu'il a fait, dans d'autres domaines de la science, des travaux impérissables grâce à cette manière d'être et de procéder. Il était d'autant plus instructif de rechercher et de tirer au clair les raisons de ses idées fausses.

Nous terminerons l'histoire de cette période du développement de l'électrochimie par l'exposé d'un travail contenant la première explication satisfaisante qui ait été donnée du fait que l'oxygène et l'hydrogène de l'eau, et, d'une façon générale, les éléments des combinaisons chimiques décomposées par le courant, apparaissent en même temps aux deux électrodes, c'est-à-dire loin l'un de l'autre. Ce fait extrêmement surprenant, que Nicholson et Carlisle avaient déjà remarqué, avait naturellement fourni matière à bien des discussions. Ritter expliquait la chose en disant que l'oxygène n'est que de l'eau plus de l'électricité positive, et l'hydrogène, de l'eau plus de l'électricité négative ; et il avait effectué une expérience qui, à ce qu'il croyait, prouvait la justesse de cette explication. Mais on fit aussitôt des essais quantitatifs, d'où il résulta qu'elle était inexacte. Le problème n'était donc pas résolu.

Une solution approchée en fut donnée par un jeune homme originaire de Courlande, le baron de Grothuss, alors qu'il était dans sa vingtième année. Dans un mémoire écrit à Rome, il exposa que, par suite des actions attractives et répulsives des électrodes, les éléments de l'eau (qu'il considérait, avec Berzelius, comme portant des charges électriques), se disposent en une rangée où les atomes positifs d'hydrogène alternent régulièrement avec les atomes négatifs d'oxygène. Puis l'atome d'oxygène et l'atome d'hydrogène qui se trouvent aux deux extrémités de la rangée se déchargent en même temps, en vertu de l'attraction exercée sur eux par les électrodes, et apparaissent sous la forme de gaz libres. Comme il y a maintenant un atome positif à l'électrode positive et un atome négatif à l'électrode négative, ces atomes sont repoussés ; ils exécutent un demi-tour avec les atomes chargés d'électricité contraire qui se trouvent derrière eux, tout comme les cavaliers avec leurs dames dans une figure de danse connue. De la sorte, l'état primitif est rétabli : une seconde décomposition se produit, de la façon qui vient d'être indiquée ; et ainsi de suite.

L'idée sur laquelle repose la théorie de Grothuss est que les gaz qui apparaissent si loin l'un de l'autre proviennent de deux parties *différentes* du liquide décomposé ; mais que, grâce aux charges électriques des composants, ceux-ci sont mis en rapport de façon telle que l'ensemble des parties moyennes ne subit pas de changement. Cette théorie parut d'abord s'accorder avec l'expérience. Plus tard seulement on constata que cet accord n'est pas complet, et cette constatation a conduit à édifier une théorie plus exacte.

Grothuss était tout jeune quand il publia ce travail, qui l'a rendu célèbre. Dans la suite, il fit d'autres travaux, qui témoignent également d'une pensée très originale ; mais il ne trouva plus jamais une idée aussi heureuse que celle sur laquelle repose sa théorie de l'électrolyse.

Davy avait vingt-sept ans quand il découvrit les métaux alcalins. C'est à l'âge de vingt-quatre ans que Berzelius avait fait des travaux d'électrochimie sur les résultats desquels la chimie s'appuya pendant cinquante ans. Nous verrons plus loin d'autres exemples encore de ce fait que les travaux les plus remarquables des grands savants sont des travaux de leur jeunesse. La chose, il est vrai, n'est pas tout à fait générale, car Galvani et Volta avaient dépassé la quarantaine quand ils produisirent leurs travaux les plus importants ; mais on la constate pour la majorité des savants.

Christian Johann Dietrich von Grothuss (on lui donne ordinairement, mais à tort, le prénom de Théodore), naquit en 1785 à Leipzig, où se trouvaient momentanément ses parents, dont le domicile ordinaire était en Courlande. Son père mourut de bonne heure. Les précepteurs auxquels sa mère le confia n'encouragèrent pas ses goûts scientifiques, et par là influèrent d'une façon fâcheuse sur le développement de son esprit. Néanmoins, précoce et très bien doué, il s'instruisit lui-même, du mieux qu'il le put, dans les sciences physiques et naturelles ; et il ne renonça pas à ces études lorsque son maître, qui voulait l'en détourner, eut anéanti ses préparations et ses collections. Dans sa dix-huitième année, il obtint de sa mère l'autorisation de quitter la maison pour se perfectionner dans les sciences qui lui étaient chères. Il alla d'abord à Leipzig, puis à Paris, où, par faveur spéciale, il put entrer à l'Ecole polytechnique, qui venait d'être fondée ; il y reçut un enseignement excellent. En 1805, il fut obligé d'aller à Naples. Là, à l'instigation d'un Anglais du nom de Thomson, qui lui prêta une petite pile voltaïque, il entreprit l'étude d'une question qui avait été pour Davy l'occasion de ses premiers triomphes en électrochimie, la question de savoir d'où provenaient les acides et les bases dont on constatait la formation dans l'électrolyse de l'eau. Mais il laissa de côté cette question dès qu'il eut observé que les éléments de l'eau se dégagaient en deux points distincts. Vivement intéressé par ce phénomène, il chercha aussitôt à se l'expliquer. Nous avons dit plus haut quelle explication il lui trouva.

Grothuss continua ensuite à faire des recherches scientifiques. Son ardeur pour ce genre de travaux ne l'empêcha pas toutefois de faire quelques voyages. Dans l'un d'eux, se trouvant entre Milan et Turin, il tomba au pouvoir d'une bande de brigands, qui le dévalisèrent complètement et détruisirent ses collections; c'est tout au plus s'ils lui laissèrent la vie sauve. Rentré en Courlande dans l'automne de 1807, il se fixa dans son domaine patrimonial de Geddutz, situé sur les confins de la Courlande et de la Lithuanie, et y poursuivit ses études, loin de toute société cultivée. Mais, atteint d'une maladie chronique des plus douloureuses, il mit volontairement fin à ses jours. Les écrits qu'il a laissés témoignent d'une grande originalité et de connaissances étendues.

Nous avons vu que les circonstances furent peu favorables au développement des dons naturels de Grothuss et à sa productivité. Il est vrai que, si l'instruction qu'il avait reçue dans son enfance n'était point celle qui lui convenait, il n'en produisit pas moins un travail de la plus grande originalité dès qu'il eut acquis des connaissances scientifiques suffisantes. Il est également vrai que rien, pas même la perte de ses collections, ne put refroidir son ardeur pour les recherches scientifiques. Mais il y a tout lieu de croire que, plus favorisé par les circonstances, il serait devenu un savant de premier ordre, et qu'il n'aurait pas seulement laissé derrière lui une théorie ingénieuse, mais tout un ensemble de travaux remarquables.

CHAPITRE V

DE FARADAY ET DANIELL A HITTORF ET KOHLRAUSCH

Les événements que l'on vient de rapporter se placent tous dans les dix premières années du XIXe siècle. Ils se produisit ensuite un arrêt très marqué dans le développement de l'électrochimie ; au lieu d'enrichir la physique de nouvelles découvertes, les savants se livrèrent à des controverses interminables sur le galvanisme.

La théorie de Galvani avait d'ardents défenseurs parmi les hommes de science, principalement parmi ceux que le côté physique des phénomènes nouvellement découverts intéressait plus que leur côté chimique ; mais d'autres avaient des doutes sur l'exactitude de cette théorie. La cause de ces doutes était, sans qu'ils s'en rendissent bien compte eux-mêmes, *l'affirmation de Volta qu'avec une pile convenablement construite on pourrait obtenir le mouvement perpétuel.* Aux yeux de beaucoup, les piles dites sèches réalisaient les conditions voulues pour produire ce mouvement, bien que Ritter eût très justement fait remarquer qu'elles n'agissent qu'à la condition de n'être pas réellement sèches. C'est ce savant qui, le premier, eut l'idée de construire une pile sèche ; d'autres, plus tard, et parmi ceux-là Zamboni, travaillèrent dans le même sens, et c'est le type de pile sèche imaginé par Zamboni qui a survécu.

Pour construire sa pile, Zamboni superposait des disques de papier d'or et de papier d'étain, en les faisant alterner et en les disposant, les uns dans un sens, les autres dans le sens inverse. Grâce au très grand nombre de disques ainsi disposés, la pile avait une tension relativement élevée, et ses pôles exerçaient des attractions et des répulsions assez fortes.

On plaça l'une à côté de l'autre deux piles Zamboni, dans l'une desquelles les disques étaient disposés dans un sens inverse par rapport à ceux de l'autre, de sorte que les pôles contraires étaient rapprochés. Puis on fit osciller un pendule entre deux pôles contraires, dans l'idée que les actions qu'ils exerceraient sur lui le maintiendraient en mouvement. Des expériences de ce genre furent faites simultanément au moyen de plusieurs dispositifs identiques à celui que nous venons de décrire. Elles furent suivies avec la plus grande attention dans les milieux scientifiques ; les revues donnaient, dans chacun de leurs numéros, des renseignements sur la manière dont se comportaient les pendules. On croyait déjà que le mouvement perpétuel était enfin réalisé, quand on apprit que les pendules s'arrêtaient de temps à autre. Ils finirent par ne plus se remettre en marche. L'impossibilité du mouvement perpétuel se trouvait, une fois de plus, démontrée expérimentalement.

C'est seulement vers 1830 que l'électrochimie recommença, grâce à Faraday, à faire des progrès importants. Michael Faraday naquit dans un faubourg de Londres en 1790; il était le troisième enfant d'un pauvre maréchal ferrant. Ce n'est qu'à force de volonté qu'il parvint à s'instruire : pour avoir entre les mains des livres, c'est-à-dire ce qu'il estimait au-dessus de tout, il entra en apprentissage chez un relieur. Des personnes qui s'intéressaient à lui lui procurèrent le moyen de suivre des cours de physique et de chimie. Il avait déjà commencé à expérimenter lui-même, dans des conditions modestes, lorsque, par un heureux hasard, il entra en possession de cartes d'entrée pour des conférences de Humphry Davy, qui, soit dit en passant, se trouvaient être les dernières que ce savant devait faire. Il nota par écrit ce qu'il avait compris de ces conférences brillantes et fort impressionnantes, illustra le texte par des dessins soignés, et écrivit à Davy, en joignant à sa lettre ce témoignage de son zèle et de ses connaissances, et le priant de lui procurer une occupation scientifique. Car, par un effet de sa nature extrêmement portée à la piété (il était et resta toute sa vie membre d'une secte qui s'efforçait de réaliser un christianisme vrai et simple), l'industrie, le commerce, et toutes occupations visant au lucre lui semblaient choses basses et égoïstes ; seule, la science lui apparaissait comme chose noble et grande.

C'est un des titres de gloire de Davy d'avoir non seulement répondu à la lettre de cet apprenti relieur qui lui était tout à fait inconnu, mais de lui avoir encore procuré une situation telle qu'il la désirait (après l'avoir averti toutefois que la science, à laquelle il demandait à vouer son culte, était une déesse sévère) : il le prit comme aide dans la Royal Institution.

Le jeune homme fut d'abord quelque chose d'intermédiaire entre un garçon de laboratoire et un assistant. Peu après il accompagna Davy dans un long voyage, en France, en Italie, en Allemagne, etc. Sa situation, pendant ce voyage, tenait à la fois de celle d'un valet de chambre et de celle d'un secrétaire. Mais Faraday s'était déjà fait connaitre par quelques travaux personnels, qui le mirent à même de tirer grand profit des nombreuses relations de son illustre chef. Ce voyage eut indubitablement une grande influence sur le développement de son esprit.

De retour en Angleterre, il reprit son modeste emploi à la Royal Institution ; mais peu à peu sa situation y devint plus indépendante, et il y fut enfin nommé professeur. Il garda cette chaire jusqu'à la fin de sa vie. Bien qu'un travail excessif eût ébranlé de bonne heure sa santé, Faraday alla de découverte en découverte ; de sorte qu'il peut être considéré comme un des premiers savants que le monde ait produits.

Faraday appartenait à la catégorie des savants consciencieux, qui travaillent lentement. S'étant proposé d'explorer expérimentalement tout le domaine des phénomènes électriques, il voulut élucider la question de savoir si les électricités provenant de différentes sources, et, en particulier, l'électricité de frottement et l'électricité galvanique, étaient identiques, si elles avaient sous tous les rapports des propriétés identiques. Le résultat de ses expériences fut que les différentes électricités ne se distinguent les unes des autres que par la tension et la quantité; et que, pour le reste, elles ne présentent aucune espèce de différence. Il rechercha en outre si des quantités d'électricité qui produisent des effets égaux sous un certain rapport produisent aussi des effets égaux sous tous les autres rapports. Comme effets susceptibles d'être mesurés, il choisit, d'une part, la *déviation de l'aiguille aimantée* du galvanomètre (récemment inventé), et, d'autre part, la *décomposition chimique;* et il établit qu'à des déviations égales correspondent, dans des temps égaux, des quantités égales de substances décomposées, quelle que soit la provenance de l'électricité.

Il fut ainsi amené à rechercher quelle relation il y a entre les quantités décomposées et les autres propriétés de l'électricité; et il découvrit la première partie de la loi qui porte son nom, à savoir que *les quantités décomposées d'une substance déterminée sont toujours proportionnelles aux quantités d'électricité qui ont passé, quelque différentes que puissent être les conditions de l'opération.* Ayant ensuite intercalé, les uns derrière les autres, dans le même circuit, des composés de nature différente, de telle sorte qu'ils étaient tous traversés par la même quantité d'électricité, il constata que *les poids des éléments libérés, dans un temps donné, de leur combinaison, sont proportionnels aux équivalents chimiques de ces éléments*. C'est la seconde partie de la loi de Faraday, loi qui s'énonce ainsi : les quantités des substances qui cheminent avec des quantités égales d'électricité sont chimiquement équivalentes. Cette loi constitue la première conception numérique, ou quantitative, d'un phénomène électrochimique.

Faraday fut entraîné par cette découverte à faire d'autres études, très approfondies, sur la décomposition électrochimique. Ces études le conduisirent à une théorie générale des phénomènes de décomposition électrochimique. Cette théorie est, aujourd'hui encore, en honneur pour la plus grande partie ; on a même conservé les dénominations que Faraday avait imaginées. Voici les traits généraux de sa théorie.

Les liquides qui conduisent l'électricité en se décomposant sont appelés *électrolytes*. Les liquides sont loin d'être tous des électrolytes. Les liquides les plus conducteurs sont les solutions aqueuses des acides, des bases et des sels ; beaucoup de sels sont également conducteurs à l'état de fusion. Par contre, les corps solides sont mauvais conducteurs (Faraday croyait à tort qu'ils ne sont pas du tout conducteurs). La décomposition chimique n'apparaît qu'aux points où le courant pénètre dans l'électrolyte et aux points où il l'abandonne ; ici, suivant l'habitude, on considère comme direction du courant celle suivant laquelle la *tension positive diminue*, ou encore celle suivant laquelle l'*électricité positive se meut*. Les points d'entrée et de sortie du courant sont appelés *électrodes :* le point d'entrée est l'*anode*, le point de sortie la *cathode*. A l'anode apparaissent l'oxygène, les halogènes et les autres éléments non métalliques des électrolytes ; à la cathode, l'hydrogène, les métaux et les composants semblables aux métaux.

Les composants des électrolytes conduisent le courant (ou sont conduits par lui) de façon telle qu'*il chemine des quantités équivalentes des éléments avec des quantités égales d'électricité*. Ces composants sont appelés *ions :* ceux qui apparaissent à la cathode, c'est-à-dire l'hydrogène et les métaux, portent le nom de *cations ;* ceux qui apparaissent à l'anode portent celui d'*anions ;* ce sont l'oxygène, les halogènes ou les autres substances qui se trouvent en combinaison avec les métaux dans les sels.

Quant au courant lui-même, Faraday le regarde comme l'axe d'une force en vertu de laquelle l'électricité positive et les cations qui lui sont liés sont transportés dans un sens, l'électricité négative étant transportée avec les anions dans le sens contraire.

Comme on le voit, ces propositions contiennent plutôt des définitions que l'expression de faits nouveaux. Néanmoins elles ont énormément contribué au développement de l'électrochimie. Cela nous montre qu'à côté de la découverte des faits il y a un travail scientifique d'un autre genre, un travail de coordination, qui est au moins aussi important, aussi utile, bien que, la plupart du temps, il rapporte incomparablement moins de gloire à celui qui l'accomplit. En général, celui qui fait une découverte effectue, en même temps, une partie de ce travail ; l'autre partie en est effectuée après coup. Pour se reconnaître dans un nouveau domaine, il faut caser, d'une façon ou de l'autre, les faits nouveaux parmi les faits déjà connus. Afin d'y parvenir, on a recours, suivant le cas, soit à des *hypothèses* (qu'en général on est obligé plus tard de modifier ou même d'abandonner), soit à des *définitions*, qui indiquent, sous une forme appropriée, ce qu'il y a d'essentiel dans les faits nouveaux. C'est à des définitions que recourut Faraday pour débrouiller les phénomènes de l'électrolyse. Tout en formulant exactement les choses connues, il laissa voir ainsi les points qui restaient à élucider.

Car, bien entendu, les problèmes relatifs à l'électrolyse étaient loin de se trouver tous résolus par les recherches de Faraday; mais ses définitions aplanirent le chemin qui devait conduire aux découvertes futures; de sorte que celles-ci perfectionnèrent les conceptions de Faraday sans faire éclater le cadre dans lequel il avait rangé les phénomènes électrolytiques.

La première des questions que Faraday n'avait pas suffisamment éclaircies concernait *l'exactitude* de sa loi électrolytique. En effet, d'après cette loi, la conduction métallique est tout autre chose que la conduction par les substances électrolytiques, car la première a lieu sans transport de matières pondérables, tandis que la seconde est proportionnelle à ce transport, et, par conséquent, ne peut pas se produire sans lui. Un contraste aussi marqué ne s'observe pas dans les autres phénomènes naturels, ou, en tout cas, s'y rencontre rarement. Aussi Faraday admit-il qu'à côté de la conductibilité électrolytique il peut très bien y avoir une conductibilité métallique. Or les recherches ultérieures ont démontré d'une façon certaine que Faraday, avait, pour ainsi dire, fait tort à la loi qu'il avait établie lui-même, en affaiblissant sa portée : cette loi fait partie du très petit nombre de celles qui ne présentent pas d'écarts, ou du moins d'écarts constatés avec certitude.

La seconde des questions que Faraday ne sut pas élucider concernait la *composition chimique des ions*. On se rappelle l'état de confusion dans lequel Berzelius avait laissé la théorie des sels. Il admettait bien les résultats de Davy sur la nature élémentaire des halogènes, et, par suite, considérait leurs sels comme composés d'un métal et d'un halogène, parce qu'une autre conception était impossible. Mais, dans le cas d'un sel oxygéné, il estimait qu'une partie de l'oxygène était combinée avec le métal et formait avec lui un oxyde, et que les composants du sel étaient cet oxyde et l'anhydride de l'acide. Faraday adopta ces vues, et, sans s'en apercevoir, se mit ainsi en contradiction avec sa propre loi. Car, dans l'électrolyse des sels oxygénés d'un métal alcalin, il était mis en liberté, à la cathode, en même temps, un équivalent d'alcali et un équivalent d'hydrogène, et à l'anode, un équivalent d'acide et un équivalent d'oxygène. Comment se faisait-il qu'ici le courant transportât deux équivalents, alors qu'en général il n'en transporte qu'un ?

Une réponse satisfaisante à cette question fut trouvée par John Frederic Daniell, qui, en même temps, corrigea ce qu'il y avait d'erroné dans les vues de Faraday sur les ions. Dans le cas des sels oxygénés, Faraday avait considéré comme ions l'acide et la base, et même, dans le cas des sels ammoniacaux, l'ammoniaque. Daniell montra qu'on ne peut relier les faits entre eux d'une façon logique que si, adoptant la conception de Davy (conception que, dans l'intervalle, Liebig avait prouvé être aussi la plus convenable pour la chimie pure), on admet que l'un des ions est constitué par le métal et l'autre par le *groupe oxygéné*. Ainsi, dans le sulfate de cuivre $CuSO^4$, il faut, d'après Daniell, considérer comme cation le cuivre Cu, et comme anion le groupe SO^4, ou sulfatanion (dénomination qu'on a abrégée en lui substituant celle de *sulfation*). Lorsque ce sulfation se décharge à l'anode, il ne peut plus subsister, car il n'existe pas de corps neutre de cette composition. Au contraire, les halogènes, après qu'ils sont devenus neutres, ou libres, peuvent subsister. Le sulfation agit donc sur l'eau, qu'il décompose suivant l'équation $H^2O + SO^4 = H^2SO^4 + O$, c'est-à-dire qu'il se produit de l'acide sulfurique libre et de l'oxygène.

Mais les choses ne se passent ainsi que quand l'anode est faite de platine, ou d'un autre conducteur inattaquable par les agents chimiques. Si elle est faite de cuivre, le sulfation se combine immédiatement avec le cuivre pour former du sulfate de cuivre $CuSO^4$, comme le montre d'ailleurs l'expérience. Si l'anode est de zinc, il se forme du sulfate de zinc $ZnSO^4$.

Et comment expliquer le cas des sels alcalins et alcalino-terreux, où, au lieu de métaux, on voit apparaître à la cathode une base libre et de l'hydrogène? L'explication est la même. Ainsi supposons qu'on électrolyse de l'*iodure de potassium* : les ions du sel sont, naturellement, K et I, et ce dernier corps apparait bien à l'anode, où il reste à l'état de liberté quand il ne peut pas se combiner avec l'anode. Quant au potassium, il peut subsister par lui-même, mais non pas en présence de l'eau; car le potassium décompose instantanément l'eau avec laquelle il entre en contact. Dans l'électrolyse d'un sel de potassium, cette réaction s'effectue (en réalité, le potassium n'y est pas mis en liberté, mais cela revient au même), et ce qui prend naissance, ce sont les produits de l'action du potassium sur l'eau, à savoir de la potasse et de l'hydrogène, d'après l'équation : $K + H^2O = KOH + H$, comme l'observation le montre. Ainsi l'oxygène et l'hydrogène qui apparaissent dans de pareilles électrolyses ne sont pas des produits *immédiats* de ces électrolyses, mais des produits *secondaires*, provenant de l'action des produits primaires sur l'eau de la solution.

De cette façon, tout s'explique, et l'on voit que les désaccords de la théorie antérieure provenaient de ce qu'on n'en avait pas éliminé assez complètement un certain élément.

Ce travail important ne fut pas la seule contribution de Daniell à l'électrochimie. Nous le retrouverons à un autre endroit, où il s'agit de la construction de piles à courant constant. Aussi convient-il de dire ici quelques mots sur la personnalité de ce physicien. Il naquit à Londres en 1790 et reçut une bonne instruction. Ayant songé tout d'abord à se consacrer à l'industrie, il entra dans une raffinerie de sucre, où il se distingua en apportant à la fabrication beaucoup d'améliorations. Mais il ne tarda pas à s'adonner à la science. Dès l'âge de vingt-trois ans, il devint membre de l'Académie des sciences de son pays, à savoir la Royal Society. Ses travaux sont d'ordres très divers; ainsi son nom a été conservé en météorologie par l'hygromètre dit de Daniell. Quant aux recherches dont il vient d'être question, elles remontent à 1839, et se rattachent à d'autres recherches dont nous parlerons plus tard. En 1831, il avait été nommé professeur au King's College. Il mourut subitement en 1845, pendant une séance de la Royal Society.

Au cours de ces mêmes travaux, Daniell observa un autre phénomène, qu'il ne put pas expliquer d'une manière satisfaisante : pendant l'électrolyse d'un sel, la *concentration* de ce sel au voisinage des électrodes se modifiait d'une façon que l'on ne pouvait prévoir. Si, par exemple, on électrolyse une solution de sulfate de cuivre entre des électrodes de cuivre, il se reforme à l'anode autant de sel que le courant en décompose à la cathode, sur laquelle se précipite du cuivre métallique. On s'attendrait à trouver à l'anode, où le sel se reforme, un *équivalent entier* en excès dans la solution, et à pouvoir constater à la cathode la disparition d'un équivalent. Mais l'expérience montre qu'il n'en est pas ainsi : il y a bien des changements de concentration dans le sens prévu, mais ils sont moindres que ceux auxquels on s'attendait, et ils dépendent de la nature des ions.

Il semble que ce phénomène ait peu d'importance en lui-même, et qu'il ne vaille pas la peine de l'approfondir. Tel n'était pas l'avis de Daniell, et, s'il ne trouva pas lui-même la solution du problème, l'avenir a montré qu'en le résolvant on jetait beaucoup de lumière sur les processus électrolytiques, et que, par conséquent, l'intérêt que Daniell attachait à cette question était justifié.

Le savant qui gravit ce nouvel échelon, dans la connaissance de l'électrolyse, fut Wilhelm Hittorf, ce vétéran de l'électrochimie, qui est encore parmi nous. Né en 1824 à Bonn, il a été privat docent, puis professeur, à l'Université de Munster, et a pris sa retraite en 1897. C'est vers 1850 que, n'ayant pas encore atteint l'âge de trente ans, il fit les travaux dont nous parlons ici.

Ses réflexions se rattachent immédiatement à celles de Daniell. Celui-ci, à la fin de ses recherches, était déjà parvenu tout près de la vérité, mais il n'avait pas poussé assez loin dans la bonne voie où il se trouvait. Nous rencontrons ici encore un exemple de ce fait qu'il est très difficile de saisir dans toute sa simplicité une chose nouvelle, et de ne pas introduire inconsciemment des hypothèses, qu'on dit « évidentes par elles-mêmes » parce qu'on néglige de les scruter.

De quelle manière la conduction par les ions des électrolytes se réalise-t-elle ? Voici les idées de Daniell à cet égard. Les ions transportent des quantités égales d'électricité positive et d'électricité négative (depuis les travaux de Faraday, on était d'accord sur ce point). Les cations se déplacent dans le sens du courant positif ; ils se rendent à la cathode, et les anions à l'anode avec une vitesse d'autant plus grande que la chute de tension du courant est plus forte. Les deux espèces d'ion cheminent l'une vers l'autre à peu près de la façon indiquée par Grothuss. Naturellement le cation fait une moitié du chemin, et l'anion l'autre moitié. Telle était la conception que Daniell se faisait de la conduction du courant par les ions des électrolytes. Ainsi que nous venons de le dire, il admettait comme une chose toute naturelle que le cation et l'anion faisaient chacun la moitié du chemin. Mais, à y regarder de près, cette hypothèse n'est pas du tout naturelle ; les ions contraires reçoivent bien des *impulsions* égales, mais il n'y a pas de raison pour qu'ils subissent des *résistances* égales ; car, si la solution à travers laquelle ils se meuvent est la même, leur *nature* n'est pas identique ; en tout cas, il faudrait d'abord prouver que des ions différents subissent des résistances égales quand ils se meuvent avec la même vitesse. Il ne faut donc pas, quand on cherche à se rendre compte de ce phénomène, commencer par admettre l'égalité des résistances. Il faut d'abord se poser la question de savoir quelles valeurs relatives ont les résistances, et par suite les vitesses de déplacement, qui sont inversement proportionnelles aux résistances. *Or ce sont précisément les changements de concentration aux électrodes qui renseignent à ce sujet.*

Telles sont en résumé les idées de Hittorf sur ce point. Elles sont si simples et si naturelles que personne ne les admit quand il les fit connaître. Et même, quand il en eut prouvé la justesse par une longue série d'essais quantitatifs, il fut constamment obligé de les défendre contre les attaques d'hommes ayant acquis de la réputation dans les sciences, mais qui montraient par leurs objections qu'ils ne les avaient même pas comprises. C'est seulement lorsque leur justesse eut été constatée par une méthode toute différente qu'elles furent appréciées à leur valeur.

Nous allons maintenant les étudier de plus près. Imaginons un électrolyte prismatique, le long duquel agit la force décomposante ; supposons que les ions qui se séparent aux deux extrémités soient libérés. Appelons le cation k et l'anion a, et représentons aussi par ces lettres les quantités équivalentes qui sont transportées aux électrodes par l'unité de quantité d'électricité. Après l'électrolyse, la solution sera appauvrie de la quantité de sel $a + k$. Il s'agit de savoir comment cette perte se répartit entre les deux électrodes.

Cette question se ramène manifestement à celle de savoir quelle portion du chemin chaque ion parcourt. Supposons que k ne se meuve pas :

alors, ce qui fera circuler le courant, c'est que la quantité *a* quitte la cathode et se rend à l'anode, où elle est mise en liberté. Il en résulte qu'à la cathode la solution perd d'abord la quantité *a* de l'anion, qui s'est rendue à l'anode, et, d'autre part, la quantité équivalente *k* du cation, qui a été mise en liberté. *En conséquence, la solution, à la cathode, se sera appauvrie de toute la quantité de sel décomposée.*

Admettons qu'au contraire le cation seul se soit déplacé, que l'anion soit resté immobile. Alors la solution se sera appauvrie à l'anode d'un équivalent entier, tandis qu'à la cathode rien n'aura changé. Si donc on constatait, dans l'expérience, que la solution ne s'appauvrit qu'à l'anode, et reste telle quelle à la cathode, il faudrait en conclure que le cation aurait effectué tout le transport.

Mais il n'en est jamais ainsi, et l'on constate que la solution s'appauvrit aux deux électrodes, mais à des degrés différents. La conclusion s'impose que *la perte à l'anode est à la perte à la cathode comme la vitesse du cation est à celle de l'anion.*

Évidemment on ne trouve de cette manière que le rapport de la vitesse du cation à celle de l'anion. Mais en expérimentant sur les sels formés par un anion déterminé *a* et par différents cations k', k'', k''', etc, on pourra obtenir, au moyen des rapports trouvés, les vitesses relatives des différents anions. Si donc on prend pour unité la vitesse d'un ion quelconque, on peut obtenir, au moyen de pareilles *expériences de transport* (pour employer l'expression de Hittorf), les nombres représentant les vitesses des autres ions.

Hittorf a exécuté d'une façon remarquable ce vaste programme, bien qu'il ne disposât que de moyens très limités. Il contruisit un grand nombre d'appareils appropriés au but qu'il poursuivait, et de formes diverses, et il fixa si bien la technique de ces expériences qu'on n'a guère pu la surpasser pour la précision des mesures qu'elles comportent. Les chiffres qu'il a établis sont, presque sans exception, restés dans la science, malgré les progrès qu'elle a faits depuis les travaux de Hittorf. C'est qu'il appartient, lui aussi, à la catégorie des savants qui travaillent lentement, consciencieusement.

Grâce à ces travaux, nos idées sur le phénomène merveilleux de l'électrolyse sont devenues beaucoup plus nettes. A regarder les choses superficiellement, on pourrait même croire que ce phénomène est définitivement élucidé. Mais il en est de la science comme de l'hydre de Lerne : pour chaque tête qu'on abat, il en repousse dix autres. Les recherches dont nous venons de parler ont fait naitre de nouvelles questions, que Hittorf n'a pas pu résoudre, et dont on n'a trouvé les solutions que vers la fin du XIXe siècle. Mais il serait prématuré de faire connaître ces résultats dès maintenant ; d'ailleurs il nous faut d'abord exposer des recherches qui confirment et étendent les résultats des travaux de Hittorf.

Nous avons déjà fait observer que les vitesses différentes avec lesquelles les différents ions se déplacent dans des circonstances identiques sont indiquées par les quantités d'électricité différentes qui sont transportées dans le même temps. Ces quantités d'électricité différentes représentent les différentes *conductibilités* des électrolytes, de sorte que la conductibilité d'un électrolyte est d'autant plus grande que les ions effectuent le transport plus vite, en supposant, naturellement, que les autres conditions soient comparables.

Or la mesure de la conductibilité des électrolytes offrait autrefois de très grandes difficultés. Celle des fils métalliques et des autres conducteurs métalliques se mesure facilement par des méthodes connues. Dans le cas des électrolytes, les substances qui se séparent aux électrodes déterminent des modifications de la *tension*, phénomène que nous apprendrons plus tard à connaître sous le nom de *polarisation*. Ce phénomène empêche qu'on obtienne par les méthodes ordinaires les valeurs exactes des conductibilités ; aussi notre connaissance de la conductibilité des électrolytes était-elle très limitée jusque vers 1860.

Parmi les méthodes inventées pour vaincre la difficulté dont nous parlons, aucune n'a acquis plus d'importance que celle de Friedrich Kohlrausch. Elle repose sur un artifice : au lieu d'utiliser le courant simple, on utilise un courant alternatif. Un appareil ordinaire d'induction produit de ces courants ; ils ne déterminent pas de polarisation dans un électrolyte, car les substances séparées par une pulsation du courant sont recombinées par une pulsation de sens contraire, de sorte qu'il ne se produit aucune décomposition de l'électrolyte. C'est pourquoi on peut, au moyen de courants alternatifs, mesurer la conductibilité des électrolytes comme on mesure celle d'un conducteur électrique ordinaire.

On a dans le téléphone un instrument qui réagit d'une façon extrêmement sensible aux courants alternatifs en produisant un bruit. On peut dès lors, au moyen d'un dispositif simple qui s'appelle le *pont de Wheatstone*, monter l'expérience de telle façon qu'il ne passe pas de courant par le téléphone quand la conductibilité du conducteur électrolytique est égale à celle d'un conducteur métallique dont on peut faire varier la résistance ; on modifie cette résistance jusqu'à ce que le téléphone devienne silencieux : alors la conductibilité du conducteur métallique est égale à celle de l'électrolyte.

C'est de cette manière que Kohlrausch a étudié la conductibilité de beaucoup de solutions salines. Pour pouvoir établir des comparaisons entre les différents électrolytes sous le rapport de la conductibilité, il faut naturellement en mettre des quantités équivalentes entre des électrodes également distantes. Imaginons une auge de 1 centimètre de long, dont les parois opposées constituent les électrodes, et dans laquelle on verse successivement des quantités équivalentes de solutions de différents sels : la conductibilité d'un tel appareil s'appelle la *conductibilité équivalente* du sel. Kohlrausch a établi cette loi que la valeur de la conductibilité équivalente (dans le cas de solutions très diluées) peut être représentée par la somme $k + a$ de deux termes, dont le premier ne dépend que du cation et le second de l'anion. L'anion a toujours sa conductibilité propre, c'est-à-dire sa vitesse de déplacement propre, avec quelque cation qu'il soit combiné. De même, la vitesse de déplacement du cation est indépendante de celle de l'anion.

En déterminant la conductibilté d'un électrolyte à la manière de Kohlrausch, on obtient la somme $a + k$ des deux vitesses de déplacement. En faisant une « expérience de transport » sur cet électrolyte suivant la méthode de Hittorf, on a le rapport $\frac{a}{k}$ des deux vitesses de déplacement. On peut donc calculer séparément a et k. Toutes les mesures que l'on a faites ainsi, sur les sels les plus divers, ont donné des résultats tels qu'il n'a été besoin d'admettre pour la vitesse de déplacement de chaque ion qu'une seule valeur. Aussi Kohlrausch a-t-il fait, du *déplacement indépendant des ions*, une loi, qu'il a formulée ainsi : chaque ion se déplace comme s'il avait seul à décider de sa vitesse et n'avait pas besoin de se préoccuper de l'autre ion.

Ce résultat est remarquable, et il l'est surtout par sa simplicité. Comment se fait-il que le chlore se déplace avec la même vitesse, qu'il soit combiné avec le potassium, qui est fort, ou avec l'ammonium, qui est faible? Pourquoi est-il indifférent au sodium d'être soumis à l'action du courant sous la forme d'un iodure, composé qui, à l'air, est déjà coloré en jaune par de l'iode libre, ou sous la forme d'un fluorure, qu'on ne peut décomposer que par des moyens tout spéciaux? Ce sont là de nouvelles têtes que l'hydre du problème électrolytique tend immédiatement vers nous après que, par la loi du déplacement indépendant des ions, nous croyions avoir tout dit sur ce problème.

La réponse à ces dernières questions a été trouvée aussi. Mais elle appartient à l'histoire récente de l'électrochimie; aussi ne pourrons-nous la faire connaître que plus tard.

CHAPITRE VI

LES FORCES ÉLECTROMOTRICES

Nous avons déjà dit sur quelles observations Volta s'était fondé pour construire sa théorie du contact. Nous avons également dit qu'en face de cette théorie s'était dressée une théorie chimique des phénomènes galvaniques. Mais, au commencement, celle-ci était beaucoup trop imprécise et trop peu claire pour pouvoir triompher de la théorie du contact, qui formait un ensemble où tout se tenait. Ses partisans donnaient le spectacle d'hommes qui, ayant une idée juste, ne peuvent pas la faire prévaloir, parce qu'ils n'en connaissent pas les bases véritables.

Il n'avait pas échappé à l'esprit investigateur de Ritter que le processus chimique devait, pour pouvoir développer une force électromotrice, s'accomplir dans des conditions bien déterminées. Ce physicien avança que la condition indispensable pour qu'une pile soit active est qu'elle ne devienne le siège de réactions que lorsqu'on en ferme le circuit. S'il ne put indiquer le moyen de réaliser cette condition, il avait du moins fait connaître ce fait essentiel que des réactions chimiques s'effectuant entre les substances d'une pile ne développent pas nécessairement une force électromotrice ; elles n'en développeront certainement pas si la condition signalée par Ritter n'est pas remplie.

Mais Ritter avait parlé dans le désert. Les défenseurs de la théorie chimique admettaient tacitement que tout processus chimique s'accomplissant dans la pile avait nécessairement son expression électromotrice. Or, comme on pouvait prouver qu'il n'en est rien, il était facile aux adversaires de la théorie chimique de la battre en brèche. Cependant, malgré toutes les attaques qu'elle subissait, elle conservait assez de vitalité pour gagner sans cesse de nouveaux adhérents.

Bien des expériences furent faites pour mettre à l'épreuve la théorie chimique. La suivante, imaginée par Berzelius, qui naturellement avait commencé par être partisan de la théorie chimique, amena ce savant à adopter la théorie du contact. Les éléments de pile sont remplis de la façon suivante. La couche de liquide inférieure est formée d'une solution concentrée de sulfate de zinc, et la couche supérieure, d'une solution diluée d'acide nitrique ; celle-ci, reposant sur la couche inférieure, qui est plus dense, ne se mélange pas avec elle. Dans le sulfate de zinc se trouvent des lames de zinc, dans l'acide nitrique des lames de cuivre. Les premières ne sont « pas du tout » attaquées, tandis que l'acide nitrique exerce une forte action sur les lames de cuivre. Malgré cela, le courant est tout aussi fort, et il a la même direction, que si l'appareil n'était rempli que d'acide sulfurique dilué, dans lequel le zinc est attaqué, mais non le cuivre.

Si l'on se reporte au principe énoncé par Ritter, on voit aussitôt que cette expérience ne prouve rien : en effet, l'attaque du cuivre par l'acide nitrique n'a rien à faire avec la production du courant, puisque le cuivre est également attaqué par cet acide en l'absence de tout courant. En outre, il n'est pas exact que le zinc ne soit pas attaqué. Il s'en dissout une quantité proportionnelle à la quantité d'électricité qui traverse la pile; mais cette dissolution a lieu seulement tant que le courant passe. Si, dans cette expérience, Berzelius avait remplacé l'acide nitrique par une solution d'un sel de cuivre, il aurait réalisé un appareil électromoteur d'une activité durable, dans lequel aucun processus chimique ne se serait effectué quand le courant aurait été interrompu. La condition indiquée par Ritter aurait ainsi été remplie de la façon la plus satisfaisante. En fait, ce dispositif fut imaginé plus tard (par Daniell), et il a joué un rôle capital dans l'élaboration de la théorie chimique.

Ce que les adversaires de la théorie de Volta ne cessaient d'objecter contre elle, c'est qu'elle impliquait que la pile réalise un appareil à mouvement perpétuel. On avait reconnu par l'expérience, et ensuite comme conséquence des principes de la mécanique rationnelle, qu'il est impossible de construire un appareil mécanique à mouvement perpétuel; et la décision prise en 1775, par l'Académie des sciences de Paris, de ne plus accepter, pour les examiner, de prétendues solutions du problème du mouvement perpétuel, est l'expression pratique de la certitude où l'on était que la construction d'un tel appareil est impossible. Toutefois on n'avait pas tranché la question de savoir s'il ne serait pas possible de découvrir, en dehors de la mécanique, un moyen de résoudre ce problème ; et Volta estimait que ce n'était pas son moindre titre de gloire d'en avoir trouvé une solution. Mais la théorie mécanique des phénomènes physiques, théorie qui fleurissait précisément à l'époque de Volta, et d'après laquelle tout ce qui passe peut se ramener à l'attraction, au mouvement et au choc des atomes, conduit nécessairement à la conclusion que le mouvement perpétuel est impossible, puisque tous les phénomènes sont mécaniques, et qu'il ne peut être question d'un appareil mécanique à mouvement perpétuel.

Bien qu'on ne fût pas encore arrivé à une conclusion aussi nette, la plupart des savants de cette époque avaient des pressentiments si marqués de la loi de la conservation de l'énergie (qui est la forme positive de l'impossibilité du mouvement perpétuel) que toute conception impliquant la violation de cette loi leur semblait sujette à caution. Aussi, pour faire prévaloir le voltaïsme, dont il était, en Allemagne, le défenseur le plus ardent, C. H. Pfaff déclara que la loi de la conservation de l'énergie était fausse. Le hasard avait voulu qu'il eût publié une critique du mémoire fondamental de Robert Mayer, où la loi de la conservation de l'énergie est établie, pour la première fois, avec une grande rigueur scientifique.

Pour tâcher de démontrer la fausseté de cette loi, devenue aujourd'hui la base de la science tout entière, Pfaff se servit de cet argument que toute vraie force est inépuisable. Manifestement toutes ses idées scientifiques étaient déterminées par celle qu'il se faisait de la pile voltaïque.

Mais avant que la loi de la conservation de l'énergie fût connue, ni les partisans ni les adversaires de la théorie de Volta n'avaient d'arguments décisifs à produire pour ou contre cette théorie ; de sorte que la lutte entre les deux camps se poursuivait sans amener de résultat. Cependant Faraday avait fait faire un grand pas à la théorie chimique. D'après sa loi, il ne peut se produire de courant dans un électrolyte sans qu'un processus chimique correspondant ait lieu aux électrodes. Naturellement, cette loi s'applique aussi à l'intérieur de la pile ; par suite *aucune pile ne peut fonctionner sans qu'il s'y accomplisse un processus chimique*. Cette loi réfute ce qu'il y a d'essentiel dans les vues de Volta, à savoir que les liquides n'agissent que comme conducteurs indifférents ; toutefois elle n'indique pas la cause pour laquelle le courant prend naissance.

Avec un instinct sûr, les défenseurs de la théorie de Volta comprirent que la loi de Faraday lui portait un coup sérieux. Aussi s'efforcèrent-ils d'en prouver la fausseté. Comme l'argument employé à cet effet par Berzelius est encore reproduit parfois de nos jours (bien qu'il ait disparu, en réalité, de la science), nous en dirons quelques mots. Berzelius raisonnait à peu près de la façon suivante. Si, comme Faraday le soutient, il fallait des quantités égales d'électricité pour séparer des quantités chimiquement équivalentes des diverses substances, cela serait en contradiction avec le fait que les composants des différentes combinaisons sont retenus ensemble par des affinités tout à fait différentes. Il est absurde d'admettre qu'il faille la même quantité d'électricité pour séparer des quantités égales de chlore ou des quantités équivalentes de métaux du chlorure de potassium, où le potassium est fortement lié au chlore, et du chlorure d'argent, où l'argent y est lié faiblement.

Nous savons aujourd'hui que ce que Berzelius tenait pour impossible est l'expression de la vérité, que la loi de Faraday est tout à fait générale et absolument indépendante de la grandeur de l'affinité chimique agissant dans les électrolytes. Mais nous savons aussi que cette loi ne vise aucunement l'affinité. La loi de Faraday est comparable à celle de Gay-Lussac, d'après laquelle des volumes égaux des différents gaz contiennent des masses chimiques équivalentes de ces gaz. (Il faut donner ici au mot « équivalent » le sens le plus large). Car la *quantité d'électricité* ne représente pas un travail, ni une force ; elle ne constitue qu'un des facteurs de l'énergie électrique, dont l'autre facteur s'appelle *tension*. La différence des affinités se manifeste par la différence des tensions qu'on doit employer pour les vaincre ; il faut une bien plus grande tension (avec une quantité d'électricité donnée) pour décomposer le chlorure de potassium que pour décomposer le chlorure d'argent. Berzelius confond (on ne peut pas lui en vouloir beaucoup, étant donné l'état de la science à son époque) la quantité d'électricité avec le travail ou l'énergie électrique. Le seul sentiment du vrai ou de l'utile, qui l'avait si bien guidé, particulièrement quand il était plus jeune, aurait peut-être suffi à l'éclairer dans cette question, s'il n'avait déjà pris position dans la polémique en cours, et n'avait été, par suite, moins accessible à un pareil sentiment.

Faraday, comme nous l'avons dit, était un défenseur ardent de la théorie chimique; il ne pouvait d'ailleurs pas en être autrement, étant donnée la loi qu'il avait découverte. Dans les recherches qu'il publia sur l'électricité, il consacra d'innombrables paragraphes à la défense de la théorie chimique, et décrivit les expériences très nombreuses qu'il avait imaginées pour en démontrer la justesse. N'ayant pas réussi à convaincre ses adversaires, il eut recours à un argument théorique qui devait, il en était persuadé, faire sur eux plus d'effet que toutes ses expériences. Comme il s'agit ici d'un tournant dans l'histoire de l'électrochimie, nous reproduirons textuellement l'exposé qu'il fait de cet argument. Cet exposé forme les trois derniers paragraphes de la seizième série de ses recherches expérimentales sur l'électricité, qui parurent en 1839. Trois ans plus tard, en 1842, fut imprimé le premier mémoire de Robert Mayer, mémoire où était énoncé le principe de l'énergie. Quatre ans plus tard, Joule, compatriote de Faraday, fit connaître ses expériences sur la transformation du travail en chaleur. On voit par là que les idées en question furent conçues presque en même temps par plusieurs penseurs, en avance sur leur époque. Toutefois ce n'est qu'au prix des plus grands efforts intellectuels qu'on parvint à leur donner leur expression exacte, expression qui nous est si familière aujourd'hui, mais que Faraday lui-même ne put pas comprendre.

« 2071. — En fait, la théorie du contact admet qu'une force qui est capable de vaincre de puissantes résistances, par exemple, celles de bons ou de mauvais conducteurs parcourus par le courant, de même que celles d'actions électrolytiques, où des corps sont décomposés par elle, peut provenir *ex nihilo* ; que, sans aucun changement dans la matière agissante, et sans consommation d'une force génératrice, un courant peut être suscité qui circule sans relâche en triomphant d'une résistance constante, et qui ne peut être arrêté, (dans la batterie de Volta, par exemple) que par les décombres que sa propre action a accumulés sur sa voie. Cela serait en réalité une création de force, ce que nous ne voyons nulle part dans la nature. Nous connaissons beaucoup de processus au moyen desquels la forme d'une force peut être changée de façon telle qu'il se produise une conversion apparente de cette force en une autre. Ainsi nous pouvons transformer une force chimique en un courant électrique, et le courant en force chimique. Les belles expériences de Seebeck et de Peltier montrent que la chaleur et l'électricité peuvent se transformer l'une dans l'autre ; d'autres expériences effectuées par Oersted et par moi prouvent qu'il en est de même de l'électricité et du magnétisme. Mais nulle part, pas même chez le gymnote et la torpille (1790), il n'y a création de force ; jamais une force n'est produite sans consommation de quelque chose qui l'alimente.

« 2072. — On doit toujours se rappeler que la théorie chimique prend pour point de départ une force dont l'existence a été préalablement démontrée, et qu'elle en suit les variations, avançant rarement quelque chose qui ne s'appuie sur un fait chimique simple. Au contraire, la théorie du contact part d'une hypothèse, à laquelle elle en ajoute d'autres, en rapport avec les cas envisagés, si bien que la force de contact, au lieu d'être une entité stable, invariable, comme Volta le supposait au début, est aussi variable que la force chimique elle-même.

« 2073. — S'il en était autrement qu'il en est, si la théorie du contact était vraie, alors, à ce qu'il me semble, il faudrait nier l'égalité de la cause et de l'effet (2069). Alors le mouvement perpétuel serait possible, et il ne serait pas difficile, étant donné un courant électrique engendré par le contact seul, de construire un appareil électromagnétique pouvant être actionné par ce courant; d'après le principe, cet appareil pourrait produire à perpétuité des effets mécaniques ».

« *Note. 29 mars 1840*. — Je regrette de n'avoir pas connu plus tôt l'opinion du Dr Roget à ce sujet, car cette opinion, qui est d'un très grand poids, corrobore l'argumentation philosophiqu que je viens de développer. Elle se trouve exprimée dans son *Treatise on galvanism*, qui a paru en janvier 1829 dans la *Library of useful Knowledge*. Le Dr Roget est partisan de la théorie chimique, à laquelle l'a amené l'étude des faits scientifiques ; mais l'endroit le plus remarquable de son ouvrage est le paragraphe suivant de l'article *Galvanism*. Parlant de la théorie du contact de Volta, il s'exprime ainsi. « S'il fallait encore un autre raisonnement pour la ruiner, on trouverait un argument puissant dans les réflexions suivantes. S'il pouvait exister une force possédant la propriété que cette hypothèse lui attribue, à savoir celle de communiquer à un liquide une impulsion ininterrompue dans une direction constante, sans s'épuiser par sa propre action, elle serait essentiellement différente de toutes les forces connues de la nature. Toutes les forces et toutes les sources de mouvement dont nous connaissons le mode d'action s'épuisent, quand elles produisent leurs effets propres, dans la proportion où elles agissent ; d'où l'impossibilité de déterminer par leur moyen un effet perpétuel, autrement dit un mouvement perpétuel. Seule la force électromotrice que Volta attribue aux métaux en contact est une force qui, tant que l'électricité mise en mouvement par elle circule sans entraves, ne décroît jamais, et naît d'une façon continuelle avec une intensité toujours égale, pour produire à perpétuité le même effet. Toutes les probabilités sont contre l'exactitude d'une pareille hypothèse. »

ROGET

De même qu'après avoir conçu l'existence des ions, Faraday ne sut pas élaborer ce concept d'une façon tout à fait satisfaisante, ce qui fut l'œuvre de son compatriote Daniell, de même il n'élucida pas complètement la question de savoir quel est le meilleur type d'appareil électromoteur. Il fit des recherches approfondies sur ce sujet, mais, contrairement à ses autres travaux, elles n'aboutirent qu'à un résultat médiocre, à un résultat qui ne constituait pas un progrès fondamental.

Le progrès que Faraday avait été impuissant à accomplir fut réalisé par Daniell, grâce, sans doute, aux vues claires qu'il avait sur la conduction électrolytique. De quel processus chimique le zinc est-il le siège dans une pile zinc-cuivre ordinaire, où ces métaux plongent dans de l'acide sulfurique dilué? Bien entendu, il y a formation de sulfate de zinc. Mais où va l'hydrogène qui se dégage de l'acide? Quand on dissout un morceau de zinc dans de l'acide sulfurique, l'hydrogène se dégage en différents points du zinc. Mais si l'on touche le zinc sous l'acide avec un morceau de cuivre, d'argent, de platine, ou d'un autre métal noble, *l'hydrogène n'apparaît pas sur le zinc, mais sur l'autre métal.* Ce phénomène était connu depuis longtemps; c'est sur lui que reposait, par exemple, la tentative faite par Davy de protéger contre l'oxydation le revêtement de cuivre des navires (p. 82). Daniell sut mieux approfondir que ses devanciers ce processus, qui est tout pareil à celui en vertu duquel, dans l'électrolyse, les composants d'un électrolyte apparaissent en deux points différents ; il vit que le sulfation SO^4 se combinait avec le zinc pour former du sulfate de zinc, et que les deux ions d'hydrogène de l'acide sulfurique se portaient sur le cuivre pour s'y décharger. C'est là ce qui se passe quand le cuivre se trouve dans de l'*acide sulfurique* dilué ; par contre, quand on entoure une cathode de cuivre d'un *sel de cuivre*, il se précipite du cuivre métallique sur cette cathode. Pourquoi ne pas faire la même chose dans la pile ? On éviterait ainsi le dégagement d'hydrogène, qui détermine la fâcheuse « polarisation », cause d'affaiblissement considérable pour le courant, et on obtiendrait une tension plus forte. Les premiers expérimentateurs avaient déjà remarqué que, s'il était nécessaire de bien nettoyer les lames de zinc, une couche de sels de cuivre sur les lames de cuivre rendait, au contraire, la batterie meilleure. Ainsi prit naissance la *pile Daniell*, car, pour amener les choses à leur perfection, il n'y avait plus qu'à séparer par une cloison poreuse l'acide sulfurique dilué de la solution du sel de cuivre. Daniell employa d'abord à cet effet des gosiers de bœuf ; plus tard il trouva dans la faïence non vernissée une matière plus propre et d'une durée plus grande.

Il est très intéressant de remarquer que ce n'est pas ce savant sagace et pratique qui a donné à la pile son dernier perfectionnement, quoiqu'il fût entré dans une voie qui aurait pu l'y conduire. D'abord, pensant qu'il fallait toujours de l'acide sulfurique libre dans la pile pour que le zinc pût se dissoudre, et craignant que la conduction ne fût troublée par la formation d'oxyde à la surface du zinc, il imagina un dispositif au moyen duquel il faisait passer constamment de l'acide sulfurique dans la pile, de manière à ce que l'acide qui avait servi fût remplacé par de l'acide frais. Plus tard, il remarqua que cette opération était superflue, et que sa pile pouvait fonctionner longtemps avec la même quantité d'acide sulfurique. Mais il ne fit pas le dernier pas; il ne découvrit pas que *la présence d'acide sulfurique libre n'est pas nécessaire*. S'il avait eu l'idée de substituer à l'acide sulfurique libre de l'acide complètement saturé de zinc, c'est-à-dire du sulfate de zinc, il aurait pu constater que ce sel remplit dans sa pile le même office que l'acide, et sa théorie sur le déplacement des ions dans deux sens opposés, théorie qui avait tant contribué à faire comprendre la conduction électrolytique, lui en aurait fait voir la raison. En effet, comme du cuivre métallique se sépare du sulfate à la cathode, une quantité équivalente de sulfation est mise en liberté; or cette quantité de sulfation suffit exactement à former du sulfate de zinc avec le zinc qui se dissout en même temps. Et ce sulfation, chargé d'électricité négative, se rend à l'anode, c'est-à-dire au zinc, avec lequel il peut s'unir. La solution qui entoure le zinc ne participe donc pas au processus chimique qui s'accomplit dans l'élément; elle n'est nécessaire que pour permettre dès le début une conduction suffisante de l'électricité, et peut être formée de n'importe quel sel, par exemple de sulfate de zinc. Si, au lieu de sulfate de zinc, elle contenait n'importe quel autre sel, le zinc se dissoudrait quand même. Seulement il formerait alors un sel de zinc avec l'anion de ce sel au lieu d'en former un avec le sulfation, parce que le sulfation provenant de la décomposition du sulfate de cuivre prend un certain temps pour parvenir à l'anode. Si l'on mettait le zinc dans une solution de chlorure de sodium, par exemple, il formerait du chlorure de zinc avec l'ion chlore du chlorure de sodium.

La découverte que l'on peut et que l'on doit mettre le zinc dans une solution neutre de sel a été faite par le physicien M. H. Jakobi, de Saint-Pétersbourg en même temps que Daniell construisait sa pile. Nous apprendrons plus tard, à l'occasion du développement technique de l'électrochimie, à connaître d'un peu plus près cette personnalité remarquable. Qu'il suffise de dire ici que Jakobi approfondit la question de savoir comment on peut produire d'une façon certaine, et à bon marché, des courants puissants. Il arriva ainsi à imaginer une pile qui était toute semblable à celle de Daniell, sauf qu'au lieu de plonger dans de l'acide sulfurique le zinc plongeait dans une solution de chlorure d'ammonium. Une pareille solution agit tout à fait comme le ferait une solution de sel de cuisine ; elle a sur cette dernière l'avantage d'être plus conductrice, parce que l'ion d'ammonium se déplace plus vite que l'ion de sodium. Pour que la résistance intérieure fût aussi petite que possible, Jakobi fit usage d'un vase de très faible hauteur ; les deux lames métalliques, disposées horizontalement, chacune dans une des deux solutions que nous venons de dire, étaient aussi rapprochées l'une de l'autre que possible. Comme paroi poreuse, il employa une vessie de bœuf tendue sur un cadre de bois.

Le type normal de la pile galvanique se trouvait ainsi réalisé. Ce n'est pas que l'on eût eu précisément en vue cette réalisation. On s'était proposé le but pratique de construire une pile pouvant fonctionner sans perdre de sa force, et c'est en cherchant à l'atteindre qu'on était arrivé, au prix de longues recherches, comme nous l'avons vu, à obtenir une pile simple et dont la marche est régulière. Mais *la solution la meilleure au point de vue pratique se trouva être aussi la meilleure au point de vue scientifique*. C'est pourquoi non seulement la pile Daniell a été en usage dans la télégraphie pendant un demi-siècle, mais encore, à peine inventée, elle a servi à des recherches approfondies sur la nature de la pile.

Elle doit ces avantages à ce fait qu'elle remplit la condition indiquée par Ritter (p. 113), à ce fait qu'il ne s'y développe un processus chimique que quand le circuit est fermé. En effet, en circuit ouvert, il ne s'y produit pas de réaction entre la solution de sulfate de zinc (ou la solution d'un autre sel) et le zinc, ou entre la solution de sulfate de cuivre, et le cuivre, ni enfin entre les deux solutions. Mais si on relie les deux métaux par un conducteur, le zinc se dissout pour former du sulfate de zinc, et une quantité équivalente de sulfate de cuivre donne du cuivre métallique. Quel est donc ici le processus chimique qui engendre le courant? Pour s'en rendre compte, on n'a qu'à réunir les substances que, dans la pile, on a si soigneusement séparées. Un morceau de zinc placé dans une solution de sulfate de cuivre précipite le cuivre de cette solution et transforme le sulfate de cuivre en sulfate de zinc. C'est exactement ce qui se passe dans la pile Daniell, sauf que la dissolution du zinc et la précipitation du cuivre s'y effectuent en des endroits distincts. C'est le courant qui donne naissance à ces réactions, et c'est parce que seul il peut leur donner naissance dans de pareilles conditions que la pile Daniell met l'électricité en mouvement et engendre un courant.

Il nous faut encore indiquer un autre avantage de cette pile. Sa tension est si constante qu'elle a longtemps servi d'étalon dans la science et dans l'industrie. Les étalons modernes, à savoir les éléments normaux de Clark et de Weston, sont construits exactement sur le modèle de l'élément de la pile Daniell, sauf que le premier contient du mercure et du sulfate de mercure au lieu de cuivre et de sulfate de cuivre, et que, dans le second, on a en outre remplacé le zinc par du cadmium. Ce sont des raisons secondaires qui ont conduit à faire ces substitutions ; le principe fondamental sur lequel il faut se guider dans la construction d'une pile est de mettre les substances qui doivent réagir dans des places telles que le passage du courant ne modifie que les quantités de ces substances, qu'il ne modifie pas la nature du processus chimique, comme il le faisait toujours dans les anciennes piles.

C'est à cette pile Daniell perfectionnée que se rapportent les calculs et les mesures qui ont servi à établir la *théorie relative au travail d'une batterie galvanique*. Daniell avait inventé sa pile en 1839. En 1841, c'est-à-dire un an avant la publication du premier mémoire de Mayer et deux ans avant sa propre communication sur la transformation du travail en chaleur, James Prescott Joule fit paraître une étude qui a beaucoup contribué à former la conception générale moderne de la production de l'électricité par voie chimique.

Joule naquit en 1818, dans le voisinage de Manchester. Propriétaire d'une grande brasserie située à Salford, près de Manchester, il trouva le temps d'effectuer des expériences d'ordre à la fois technique et scientifique, qui lui valurent d'être regardé comme un grand physicien. C'était un de ces hommes, si nombreux en Angleterre, qui, passionnés pour la science, sans appartenir à une université, sans s'occuper d'enseignement, se livrent à des recherches et font des travaux originaux. Rappelons que Charles Darwin n'a jamais été attaché non plus à aucun établissement d'enseignement. Joule était parti d'un problème technique. A cette époque, on venait de découvrir les énormes forces d'attraction développées par les électro-aimants, c'est-à-dire par des noyaux de fer doux entourés de spires de fil métallique isolé par lesquelles passe un courant électrique. Il semblait que ces électro-aimants dussent permettre d'obtenir une forme très avantageuse de moteur mécanique à base électrique ; aussi Joule chercha-t-il à construire des moteurs électromagnétiques, c'est-à-dire des appareils tels que ceux qui jouent aujourd'hui un rôle si important dans l'industrie, et qui servent, par exemple, à assurer la marche des tramways électriques. Avec les forts courants qu'il employait, ses fils s'échauffaient fortement. Il comprit qu'il y avait là une perte, et, pour pouvoir l'éviter, il rechercha les lois qui régissent ces développements de chaleur, lois qu'il parvint à découvrir. Nous reconnaissons à cet exemple la haute valeur industrielle de la science, non moins que la haute valeur scientifique de l'industrie pratiquée avec réflexion. Car c'est par l'étude scientifique du développement de la chaleur que l'on parvint à construire le moteur désiré ; et, d'autre part, ce problème technique fournit à Joule l'occasion de découvrir la loi qui porte son nom. Il établit que *la quantité de chaleur développée est proportionnelle à la résistance du conducteur multipliée par le carré de l'intensité du courant.*

Cette loi, dont on a constaté dans la suite la parfaite exactitude, bien que les mesures sur lesquelles Joule l'appuya d'abord fussent loin de concorder, est applicable à n'importe quel conducteur intercalé en n'importe quel point du circuit. Par suite, elle est applicable au circuit tout entier. S'il en est ainsi, *la quantité totale de chaleur du circuit doit être considérée comme résultant du processus chimique qui se produit dans la pile*, de sorte que le courant ne fait pas autre chose que de transporter la chaleur, à partir du siège de la réaction, et de la déposer partout dans le circuit en quantités proportionnelles aux résistances. Joule s'était borné d'abord à dire que la chaleur totale est proportionnelle à la quantité de zinc dissoute.

On voit combien Joule, à l'époque où il établit ces faits, était déjà près de découvrir l'équivalent mécanique de la chaleur. Ce sont les observations qu'il avait faites sur le développement de chaleur produit, dans ses piles galvaniques et dans ses appareils électromagnétiques, par le courant électrique, qui l'amenèrent à entreprendre des recherches sur le développement de chaleur dû au frottement. Il est digne de remarque que, pour élucider une question technique, il l'ait ainsi étudiée au point de vue scientifique sous sa forme la plus générale et la plus simple.

Du principe de Joule indiqué plus haut, sur la relation qui existe entre la chaleur développée par le courant et l'intensité de ce courant, on peut tirer une conclusion très précise relativement à la force électromotrice d'une pile voltaïque. Cette conclusion, ce n'est pas Joule qui la tira, mais Helmholtz. Dans son mémoire fondamental sur *La conservation de la force*, mémoire publié en 1847, Helmholtz utilise la loi de Joule, que Lenz avait découverte de son côté peu après Joule ; grâce à quelques transformations simples, opérées au moyen de la loi de Ohm, il arrive à établir ce principe que *la quantité totale de chaleur du courant est égale au produit de la tension de la pile par la quantité d'électricité qui l'a traversée*[1]. Or si l'on admet que la « chaleur chimique », c'est-à-dire la quantité de chaleur développée par le processus chimique immédiat, est égale à la chaleur électrique, il s'ensuit que la chaleur chimique est égale au produit de la tension par la quantité d'électricité. Si l'on ne fait entrer en réaction que les quantités équivalentes de substances qui correspondent à l'unité de quantité d'électricité, la force électromotrice de la pile sera numériquement égale à la quantité de chaleur développée par ces quantités de substances.

William Thomson publia quelques années plus tard des calculs tout semblables, mais beaucoup plus complets, car ils contenaient les valeurs numériques de toutes les grandeurs entrant en ligne de compte. William Thomson naquit en 1824 à Belfast. Il fut élevé et instruit, ainsi que son frère James, par son père, éminent professeur de mathématiques et de physique, et, dès l'âge de dix ans, il fut en état de suivre les

1. Dans le mémoire de Helmholtz, l'équation n'a pas une forme tout à fait aussi simple, car, au lieu de la quantité d'électricité, elle contient le produit de l'intensité du courant par le temps. Mais comme l'intensité du courant est égale à la quantité d'électricité qui passe pendant l'unité de temps, le produit de l'intensité du courant par le temps est égal à la quantité totale d'électricité qui passe pendant ce temps. Il n'y a pas lieu de tenir compte ici du temps pendant lequel ces processus s'accomplissent. S'il figure dans l'équation de Helmholtz, c'est parce qu'à son époque on n'avait l'habitude de mesurer immédiatement (au moyen du galvanomètre) que des intensités de courant, et non des quantités d'électricité, et que, par suite, c'étaient les intensités de courant qu'on faisait entrer dans les calculs.

cours de l'Université de Glasgow, où son père avait été nommé professeur. Après avoir fréquenté cette Université pendant six ans, il alla à celle de Cambridge, où il se distingua immédiatement par ses aptitudes extraordinaires pour les mathématiques, bien qu'il semblât consacrer plus de temps aux sports et aux arts qu'à l'étude. Avant d'avoir atteint sa vingtième année, il s'était déjà fait connaître par un certain nombre de travaux des plus originaux et des plus ingénieux ; de sorte que l'expérience hardie que l'on fit de le nommer professeur à l'Université de Glasgow alors qu'il n'avait que vingt-deux ans sembla pleinement justifiée. Il tint amplement les promesses de sa jeunesss ; aussi, en 1896, à la célébration du cinquantième anniversaire de sa nomination à l'Université de Glasgow, qu'il n'avait jamais quittée, des savants venus de tous les pays du monde lui apportèrent leurs félicitations pour ses travaux hors ligne.

C'est en 1851, à l'âge de vingt-sept ans, que William Thomson publia le mémoire dont nous avons à nous occuper ici. En imaginant que le courant produit par un appareil électrochimique est compensé par une machine électrodynamique, dont il calcule le travail en se fondant sur la loi de la conservation de l'énergie, il obtient l'équivalent *mécanique* du processus *chimique* correspondant ; au moyen de cet équivalent mécanique et de l'équivalent mécanique de la chaleur, il calcule l'équivalent *thermique*. Il est ainsi conduit à formuler le principe suivant : « L'intensité d'un appareil électrochimique est égale, en mesures absolues, à l'équivalent mécanique de l'action chimique, lorsqu'il s'agit d'un courant de l'unité d'intensité agissant pendant l'unité de temps ». Ici le mot intensité désigne la force électromotrice.

En calculant, au moyen des données de Joule, la force électromotrice de l'élément Daniell, William Thomson trouva un nombre qui concordait fort bien avec celui que fournissait l'observation. C'était là une « confirmation éclatante » de la théorie de William Thomson ; aussi cette théorie fut-elle universellement acceptée. Mais lorsque plus tard d'autres physiciens, faisant usage de données plus précises, appliquèrent le même calcul à d'autres piles, ils constatèrent des différences plus ou moins grandes entre les nombres observés et les nombres calculés. La plupart du temps, la force électromotrice observée se trouva être plus petite que celle que donnait la théorie ; dans des cas très rares, ce fut le contraire.

Naturellement les savants qui constatèrent ces désaccords entre la réalité et la théorie n'en conclurent pas que celle-ci était fausse. Elle avait alors une forme mathématique si compliquée qu'on aurait pu dire d'elle ce qu'avait dit une fois Lichtenberg de la philosophie de Kant, à savoir qu'elle était si difficile à comprendre que celui qui avait fini par la saisir croyait fermement qu'elle était vraie, parce qu'il était trop épuisé par ses efforts pour pouvoir en faire la critique. L'histoire des sciences nous montre que les résultats obtenus au moyen de calculs compliqués passent pour plus certains que ceux qui sont dus à des réflexions simples et immédiates. Or c'est l'inverse qui est vrai, car, plus un calcul est compliqué, plus facilement il peut s'y glisser des erreurs, sans compter les quantités que l'on néglige nécessairement, car il n'est presque jamais possible de conduire un raisonnement mathématique depuis les hypothèses jusqu'au résultat sans négliger certaines quantités. La cause de ce préjugé réside, d'une part, dans la difficulté pour qui n'est pas mathématicien de contrôler le résultat de calculs abstrus, et, d'autre part, dans le fait que beaucoup de mathématiciens éminents furent en même temps des physiciens habiles et judicieux. William Thomson était de ceux-là, et, comme il faisait avec la plus grande facilité des calculs qui semblent malaisés à la plupart des physiciens, il pouvait consacrer toute sa sagacité à l'obtention de résultats qui fussent d'accord avec la réalité. Mais il s'est trouvé des mathématiciens distingués qui ne comprenaient pas assez bien le côté physique des problèmes qu'ils traitaient, et qui, partant d'hypothèses fausses, sont parvenus, malgré l'exactitude de leurs calculs, à des résultats erronés.

Nous ne suivrons pas les savants qui, dans leurs recherches sur la relation existant entre la force électromotrice et la quantité de chaleur développée, ou, en termes plus modernes, sur la transformation de l'énergie chimique en énergie électrique, admirent que la formule de Helmholtz et de Thomson était exacte, et que les différences entre les nombres que leur donnaient le calcul, d'une part, et l'observation, d'autre part, devaient être interprétées au moyen de quelques hypothèses *ad hoc*. Nous nous tournerons vers un chercheur qui s'est efforcé de résoudre le problème d'une façon plus directe.

Ce chercheur, c'est le chimiste français Pierre-Antoine Favre, qui naquit à Lyon en 1813, occupa différentes situations à Paris, fut plus tard professeur à la Faculté de Marseille et doyen de cette Faculté, et mourut en 1880. Avant d'aborder le problème dont il s'agit, il s'était déjà fait connaître par des recherches de thermochimie effectuées en collaboration avec son ami le physicien Silbermann. Voici comment il tenta de résoudre ce problème. Il rechercha si toute la chaleur qui se développe dans le circuit de la batterie et de ses conducteurs ne dépend que des résistances. On peut affirmer que celle qui se développe dans le circuit métallique est due presque exclusivement à la résistance de ce circuit. En effet, les échauffements et les refroidissements constatés par Peltier aux points de contact de deux métaux différents sont très faibles ; ils sont infiniment petits. La loi de Joule s'applique également, ainsi que son auteur l'avait prouvé, à un électrolyte où il ne se produit pas de polarisation (du sulfate de cuivre entre des électrodes de cuivre). Il ne restait donc plus à rechercher qu'une chose, à savoir si, aux électrodes mêmes de la batterie, il n'intervient pas des actions thermiques.

Favre élucida cette question de la manière suivante. Il commença par enfermer toute sa batterie, y compris les conducteurs extérieurs, dans son calorimètre, et mesura la chaleur développée, ainsi que la quantité de zinc dissoute. Cette quantité de chaleur était égale, ainsi que l'exige la loi de la conservation de l'énergie, à la quantité de chaleur développée par le processus chimique qui s'était accompli dans la pile, car la quantité totale d'énergie ne pouvait pas avoir subi de changement du fait qu'une partie de cette énergie s'était trouvée momentanément sous la forme d'énergie électrique. Ensuite il transporta une partie de la résistance dans un autre calorimètre, et il établit que de ce fait une partie de la chaleur se trouvait transportée du premier calorimètre dans le second, conformément à la loi de Joule. En augmentant de plus en plus la résistance extérieure introduite dans le second calorimètre, il put y transporter une partie de plus en plus grande de la chaleur chimique. En augmentant, comme il le fit, cette résistance extérieure au point qu'elle était hors de proportion avec la résistance intérieure de la batterie, il aurait dû pouvoir faire passer toute la chaleur de la batterie dans le second calorimètre ; mais il ne parvint pas à obtenir ce résultat (il employait des piles formées de zinc, de platine et d'acide sulfurique dilué) : *une certaine partie de la chaleur chimique resta obstinément dans la batterie.* C'était évidemment la partie de cette chaleur qui se développe aux électrodes de la pile ; elle n'est pas transformable en énergie électrique, sans quoi elle se serait transportée dans le second calorimètre.

On parvint à des résultats différents lorsqu'on étudia d'autres piles par cette méthode, qui, comme on le voit, repose sur des *mesures immédiates d'énergie*, et non sur des calculs où entrent les mesures d'autres grandeurs. En particulier, on put transporter à l'extérieur toute la chaleur chimique de la pile Daniell ; il ne se développe donc pas, à l'intérieur de cette pile, d'autre chaleur que celle qui correspond à sa résistance.

Dans la pile que Favre étudia particulièrement, la quantité de chaleur qu'il ne lui fut pas possible de transporter hors de la pile formait la sixième partie environ de la chaleur totale développée ; cette partie se développe donc dans l'élément même, indépendamment de la résistance de cet élément ; elle se développerait également dans un élément de résistance nulle. Favre se donna en vain beaucoup de peine pour trouver l'explication de ce phénomène. François Marie Raoult reprit les expériences de Favre sur la pile, tandis que celui-ci se livrait à de vastes recherches sur les développements de chaleur chimique en général, et put constater ainsi que la pile Daniell, où l'on avait trouvé qu'il y a égalité entre la quantité d'énergie chimique et la quantité d'énergie électrique, est presque la seule où cette égalité existe. Un certain nombre de piles constantes étudiées par lui donnèrent, comme celle qu'avait étudiée Favre, plus de chaleur chimique que de chaleur électrique ; pour plusieurs autres, le résultat fut inverse. Ces dernières piles se refroidissent donc par le passage du courant (abstraction faite de « la chaleur de Joule », c'est-à-dire de la chaleur développée par les résistances en vertu de la loi de Joule). Car, d'après la loi de la conservation de l'énergie, il faut qu'elles prennent quelque part l'excès d'énergie qu'elles dégagent sous forme électrique, et, comme le processus chimique ne le leur fournit pas, elles l'empruntent, sous forme de chaleur, à ce qui les entoure.

Raoult naquit en 1830 à Fournes (Nord). Il commença sa carrière scientifique à Paris. Les recherches que nous venons d'exposer parurent en 1865. Peu après leur publication, il fut nommé professeur à la Faculté de Grenoble, où il resta jusqu'à sa mort. Ces recherches furent peu appréciées, sans doute parce que leur résultat contredisait les idées généralement admises. Il fit dans la suite bien des travaux encore qui ne lui rapportèrent pas plus de gloire. Il était déjà dans un âge avancé quand, abordant des questions toutes différentes, il découvrit les lois simples qui relient les abaissements du point de congélation et les élévations du point d'ébullition aux poids moléculaires des substances dissoutes. Lorsque plus tard van't Hoff eut établi la théorie des solutions, il apparut une relation étroite entre cette théorie et ces lois, qui, de ce fait, acquirent une importance capitale. Aussi le nom de Raoult devint-il célèbre dans le monde entier.

Reprenant les expériences qu'il avait laissées

de côté, Favre parvint à des résultats tout semblables à ceux qu'avait obtenus Raoult. Mais il ne sut pas se défendre comme lui d'idées préconçues. Raoult s'était contenté de conclure des faits observés par lui que, dans les piles, l'énergie chimique et l'énergie électrique ne se transforment pas simplement l'une dans l'autre, mais que la chaleur joue toujours un rôle dans ces transformations. Favre, au contraire, continua à considérer comme exact le principe de l'égalité des quantités d'énergie chimique et d'énergie électrique, et à interpréter de son mieux les écarts qu'il constatait à ce principe. Nous n'aurions aucun profit à le suivre dans cette voie ; mais il n'était pas sans intérêt de montrer l'action hypnotisante que peut exercer une théorie ingénieuse appuyée sur les mathématiques.

La question resta longtemps dans cet état. On exposait, dans les ouvrages didactiques et autres, la théorie de William Thomson et de Helmholtz telle qu'elle avait été établie par ces savants, et l'on expliquait par des « réactions secondaires » les écarts constatés, quand on les mentionnait. Mais on ne trouvait pas moyen de définir les réactions secondaires autrement qu'en disant qu'elles représentent la partie de la réaction totale qui n'obéit pas à cette théorie. Quand une théorie a recours à une pareille définition, c'est toujours une preuve certaine qu'il lui manque quelque chose d'essentiel. Cette chose essentielle est nécessairement une relation avec quelque autre grandeur pouvant être déterminée d'une façon indépendante. Le second principe de l'énergétique a permis de reconnaître quelle est ici cette grandeur, et de compléter ainsi la théorie de William Thomson et de Helmholtz, qui repose sur le premier principe [1].

Voici sous quelle forme s'applique ici le second principe. Pour qu'un système quelconque se trouve en équilibre, c'est-à-dire dans un état réalisant les conditions de la durée (état qui s'établit spontanément partout où existent les conditions nécessaires pour qu'aient lieu les processus voulus), il faut que, en vertu d'une propriété spéciale possédée par ce système, il se manifeste des forces (ce mot étant pris dans son sens le plus général) ou des tendances qui le ramènent à la position d'équilibre chaque fois qu'on l'en éloigne. L'exemple le plus simple d'un système en équilibre est donné par un poids suspendu à un fil et immobile. Chaque mouvement possible du poids le fait parvenir à une position d'où il est ramené à la position d'équilibre. Car tous les points de la surface sphérique à l'intérieur de laquelle il peut se mouvoir sont situés plus haut que le pôle inférieur, où il est en équilibre, et, par conséquent, chaque fois qu'on l'éloigne de ce pôle, il se développe des forces qui l'y ramènent.

Dans le domaine de la chaleur, on trouve des exemples tout semblables, et bien connus d'ailleurs, de systèmes en équilibre. Il peut y avoir

1. Le lecteur trouvera, exposés en détail, l'histoire et le contenu de ces deux principes dans *L'Énergie* par W. Ostwald (F. Alcan).

équilibre entre de l'eau liquide et sa vapeur, attendu qu'à une température donnée la vapeur a une tension tout à fait déterminée. Si l'on élève la température, l'équilibre est troublé, et le système réagit contre cette perturbation au moyen d'un processus qui tend à rétablir l'équilibre. En effet, une partie de l'eau se vaporise; par là, la plus grande partie de la chaleur fournie au système se trouve engagée. Si, inversement, on essaye d'abaisser la température dans le système, une partie de la vapeur se condense, et la chaleur de condensation qui devient libre agit à l'encontre du changement imposé. Le fait que, la température croissant, la tension de la vapeur augmente à mesure qu'augmente la quantité de vapeur (on suppose un espace clos) est lié de la façon la plus étroite à cet autre fait que la transformation de l'eau en vapeur exige une absorption de chaleur En effet, si la transformation de l'eau en vapeur était accompagnée d'un dégagement de chaleur, il ne pourrait pas y avoir équilibre. Car si, dans cette hypothèse, on augmentait un peu la quantité de vapeur, l'eau s'en trouverait échauffée; il se produirait donc encore plus de vapeur, et cela serait une raison pour que la quantité de vapeur augmentât encore. En d'autres termes, l'eau se transformerait en vapeur avec explosion si la chaleur de vaporisation se comportait d'une façon opposée à celle dont elle se comporte en réalité. Supposons maintenant que la tension de la vapeur diminue quand la température croît, et que la vaporisation n'en absorbe pas moins de la chaleur, comme elle le fait en réalité. Alors un commencement de condensation, qui diminuerait un peu la tension de la vapeur, élèverait la température du liquide, ce qui amènerait une nouvelle condensation, et ces phénomènes se répéteraient jusqu'à ce que toute la vapeur d'eau fût condensée. Il y aurait donc là encore un état instable, le contraire d'un équilibre.

Appliquons ces considérations aux piles qui, lors du passage du courant, dégagent ou absorbent de la chaleur « locale » (c'est le cas pour la plupart des piles). Lorsque l'on imposera à l'une de ces piles un changement de température, la force électromotrice ou tension de cette pile se comportera comme s'est comportée, dans le même cas, la tension de la vapeur d'eau dans le système que nous venons de considérer, c'est-à-dire qu'elle s'opposera à ce changement. Supposons d'abord que, quand le courant passe, il y ait absorption de chaleur, comme lorsque de l'eau passe à l'état de vapeur. Pour avoir un état d'équilibre, imaginons que les deux électrodes de la pile soient reliées à un grand condensateur, qui se charge jusqu'à avoir la même tension que la pile, et qui inversement puisse renvoyer un courant de sens contraire dans la pile, dans les cas où la tension de celle-ci diminue. Alors, quand on élève la température, la tension doit s'élever aussi, pour qu'il se produise un refroidissement, pour que l'addition de chaleur soit compensée. Si, au contraire, la pile fonctionne avec dégagement de chaleur, la tension doit diminuer quand on élève la température, sans quoi il se produirait spontanément un nouvel accroissement de la température, et l'on aurait le contraire d'un équilibre.

Il y a un troisième cas à considérer, celui où, lorsque la pile fonctionne, il n'y a ni dégagement ni consommation de chaleur locale, et où, par suite, l'énergie chimique se transforme intégralement en énergie électrique. *Dans ce cas, la tension ne change pas avec la température, car, lors du passage du courant, il ne se produit pas d'action calorifique qui doive être compensée.*

Or, comme on le sait, l'énergie chimique de la pile Daniell se transforme intégralement en énergie électrique. Par conséquent, sa tension ou force électromotrice ne change pas avec la température. L'expérimentation avait révélé ce fait bien avant qu'on l'eût déduit de la théorie. Le fait que l'énergie chimique de la pile Daniell se transforme intégralement en énergie électrique et le fait que sa tension ne varie pas avec la température étaient tous deux connus depuis longtemps, mais personne n'en saisissait la liaison, parce qu'on n'avait pas encore introduit dans la science des considérations du genre de celles que nous venons de développer.

De ce qui précède, il résulte qu'au moyen de la chaleur de réaction chimique du processus qui s'accomplit dans la pile on peut calculer, de la manière indiquée par Helmholtz et Thomson, le terme principal de l'expression de la force électromotrice. La valeur trouvée représente la totalité de la force électromotrice lorsque, dans la pile considérée, la tension ne change pas avec la température. Mais s'il en est autrement, cette valeur doit être diminuée dans le cas où la tension de la pile diminue quand la température croît, et augmentée dans le cas où sa tension augmente quand la température croît; dans ce dernier cas, sa véritable tension est plus grande que celle que l'on déduit de sa chaleur chimique.

C'est grâce aux recherches de nombreux savants que l'on est arrivé à voir aussi clair dans la question qui nous occupe. Ces recherches ne pouvaient être exposées ici; il aurait fallu entrer dans trop de détails. Mais il importe de dire quelques mots des travaux qui ont achevé d'élucider cette question. Ces travaux sont dus à deux savants de premier ordre, dont l'un, Helmholtz, nous est déjà connu.

Hermann Helmholtz naquit en 1821 à Potsdam, où son père était professeur de gymnase. C'était un enfant délicat, mais d'une maturité précoce; en jouant avec des blocs de construction, il s'était assimilé les propositions principales de la géométrie, et il fut tout étonné quand, au collège, on les lui donna à apprendre de nouveau. Malgré l'influence « humaniste » du collège et de la maison paternelle, il trouvait Cicéron et Virgile extrêmement ennuyeux; par contre, il éprouvait le plus vif intérêt pour l'optique. En raison de la modicité du traitement de son père, il ne put satisfaire son goût pour les sciences physiques et naturelles qu'en entrant à l'École de médecine militaire (la « Pépinière »). Le bibliothécaire de cette école le prit en amitié, et mit à sa disposition tous les ouvrages dont il avait besoin pour ses études personnelles. Le grand physiologiste Johannes Müller, auquel il soumit son permier travail scientifique (ce travail avait trait à l'anatomie des nerfs) reconnut immédiatement son talent exceptionnel et lui accorda son patronage. Des études relatives au développement de la chaleur dans le corps des animaux le conduisirent à la généralisation à laquelle Robert Mayer avait été amené de la même façon quelques années auparavant ; mais tandis que Mayer, par suite de l'insuffisance de ses connaissances en mathématiques, dut faire les plus grands efforts pour pouvoir exprimer les idées nouvelles qu'il avait conçues, Helmholtz, grâce à son grand talent pour les mathématiques, réussit à mettre l'ensemble des phénomènes physiques alors connus en relation avec la loi de la conservation de l'énergie. Il avait emprunté à Mayer l'expression « conservation de la force ».

L'étude de Helmholtz sur la conservation de la « force » ne fut pas bien accueillie. Toutefois il s'illustra de bonne heure en inventant l'ophtalmoscope et en découvrant la vitesse de propagation de l'action nerveuse, de sorte que l'administration militaire prussienne le tint quitte de ses engagements, afin qu'il pût s'adonner aux recherches scientifiques. Il fut successivement professeur aux universités de Königsberg, de Bonn, de Heidelberg et de Berlin, et, après avoir fait des travaux fondamentaux dans le domaine de la physiologie des sens, il se consacra à la physique pure et à la physique mathématique. Lorsque l'enseignement, pour lequel il n'avait jamais eu beaucoup de goût, lui fut devenu trop pénible, son ami Werner Siemens le fit nommer directeur de l'établissement impérial scientifique et technique qu'il avait fondé. Il mourut en 1894, dans sa soixante-treizième année, des suites d'une forte hémorragie provoquée par une chute. Sa capacité de travail s'était conservée presque entière jusque dans ses dernières années.

Revenons à la question du rapport existant entre l'énergie chimique et l'énergie électrique. La formule simple de Helmholtz, que nous avons indiquée plus haut, figurait déjà dans le mémoire que cet auteur avait publié dans sa jeunesse sur « La conservation de la force ». Lorsque plus tard, devenu professeur de physique à l'université de Berlin, il entreprit des recherches sur l'électrolyse, il remarqua des faits qui montraient que cette formule n'était pas exacte ; pour pouvoir la modifier, il fit une étude très approfondie de la question. Mais comme, à son insu, la formule exacte avait déjà été trouvée par un autre savant, l'Américain Willard Gibbs, nous ne nous occuperons de cette étude que plus loin. Les recherches de Willard Gibbs ne visaient pas ce sujet spécial ; elles avaient un caractère beaucoup plus général ; elles se rapportaient à l'*équilibre des substances hétérogènes*. Ces recherches lui ont fourni des formules innombrables parmi lesquelles celle dont il s'agit ici. Après avoir étudié les conditions d'équilibre des substances éprouvant des changements chimiques, dans leur dépendance à l'égard de la pression et de la température (ou l'équilibre entre l'énergie chimique, l'énergie de volume et l'énergie calorifique), étude qui a fourni les bases théoriques de la chimie générale ou chimie physique, il passe à la considération des autres énergies (élasticité, énergie superficielle), pour examiner finalement quelles sont les conditions d'équilibre en présence d'énergie électrique. La dernière partie de ces recherches lui fournit une formule permettant de calculer la force électromotrice au moyen de la chaleur de réaction et au moyen des changements de tension provoqués par les changements de température ; la seule autre grandeur qui entre dans cette formule est la température.

La plupart des milieux scientifiques n'eurent connaissance du mémoire de Willard Gibbs que longtemps après sa publication. Cela tient à ce qu'il l'avait fait paraître dans un recueil très peu répandu, dans les comptes rendus d'une académie américaine[1]. Le fait d'insérer un travail aussi remarquable dans un recueil aussi peu connu indique bien la modestie de ce grand homme. Il appartient nettement au type des savants circonspects, de conscience timorée, qui produisent lentement, mais font des œuvres aussi parfaites qu'il est au pouvoir de l'homme d'en accomplir. Son mémoire ne contient pas moins de 700 équations, et jusqu'à aujourd'hui il n'en est pas une seule où l'on ait découvert une erreur.

1. C'est moi qui l'ai fait connaître en 1892 en en donnant une traduction allemande. Pendant longtemps les hommes de science anglais étudièrent le mémoire de Willard Gibbs dans cette traduction, tant il était difficile de se procurer l'original.

Willard Gibbs naquit en 1839. Son père était professeur à l'Université Yale, à New-Haven, dans le Connecticut. Il y fit lui-même ses études, alla passer quelques années en Europe pour y compléter son instruction, rentra ensuite dans son pays et obtint bientôt une chaire à l'université où il avait été étudiant. C'est à New-Haven qu'il passa toute sa vie, qui fut entièrement consacrée au travail. Il ne se distingua pas beaucoup comme professeur, et sa valeur était presque inconnue de ceux qui l'entouraient. C'est en Europe que fut reconnu d'abord l'intérêt exceptionnel qui s'attache à ses recherches. Signalons un fait qui contribue à peindre son caractère : lorsqu'on le pria d'envoyer son portrait pour l'édition allemande, il s'y refusa, disant que la reproduction de ce portrait augmenterait inutilement le prix de l'ouvrage. Il mourut en 1902.

Helmholtz était arrivé à la formule exacte un peu plus tard que Gibbs, mais indépendamment de celui-ci, et par une autre voie. Il résulte nettement de diverses publications de ce maître qu'en 1877, lorsqu'il entreprit des recherches d'électrochimie, il s'en tint d'abord aux idées qu'il avait exprimées dans son travail de jeunesse. Il s'aperçut ensuite que certains faits observés par lui ne cadraient pas avec ces idées, et, après avoir étudié la question à fond, il en vint à la conviction qu'elles étaient si peu satisfaisantes au point de vue théorique qu'il y avait lieu de les reviser complètement. C'est ce qu'il fit, et il arriva ainsi aux résultats suivants.

Pour les processus qui s'effectuent dans des conditions déterminées (à température constante, par exemple), on peut diviser l'énergie totale en jeu en deux parties, dont l'une est formée de l'*énergie libre* et l'autre de l'*énergie liée*. La première de ces énergies peut se transformer d'une façon illimitée en d'autres formes d'énergie ; la seconde, au contraire, ne peut pas prendre d'autres formes. L'énergie libre ne dépend pas, pour la quantité, de la façon dont elle est transformée ; il suffit donc de trouver sa valeur pour une transformation quelconque ; le nombre obtenu s'appliquera à toutes les autres transformations possibles. Helmholtz indique différentes espèces de transformation qui peuvent servir à la détermination de l'énergie libre, en particulier des transformations reposant sur la vaporisation et la fluidification ; il démontre aussi que la transformation en énergie électrique donne un moyen sûr de mesurer l'énergie libre. Ainsi, en particulier, la force électromotrice n'est pas la mesure de l'*énergie totale* de la réaction considérée, comme il l'avait admis antérieurement ; elle est la mesure de son énergie libre. La quantité d'énergie libre n'est pas nécessairement plus petite que la quantité totale d'énergie ; elle peut lui être égale (dans les processus purement mécaniques) ; elle peut même être plus grande qu'elle ; cela explique les cas où une pile fonctionne en empruntant de la chaleur à ce qui l'entoure.

En exprimant ces faits sous une forme mathématique, à l'aide des lois de l'énergie, on constate que la quantité d'énergie libre dépend étroitement de l'influence de la température sur le processus considéré, et l'on est conduit finalement à une formule qui relie le développement de la chaleur à la force électromotrice et aux changements qu'elle subit du fait des changements de température; cette formule est identique à celle que W. Gibbs avait trouvée par une autre voie.

Grâce à ces recherches, on peut énoncer les propositions suivantes sur la force électromotrice d'une pile galvanique. Au zéro absolu, c'est-à-dire à — 273°, l'ancienne équation de Thomson et de Helmholtz est applicable. Car comme le second terme, qui exprime l'influence de la température, est proportionnel à la température absolue, il est nul quand elle l'est, c'est-à-dire à — 273°. Lorsque la température s'élève, le terme qui dépend de la température apparait, et, en général, son signe est tel que la force électromotrice décroît. Si ce terme conserve son signe lorsque la température continue à monter, il y a nécessairement un point où la force électromotrice devient égale à zéro; au delà de ce point les électrodes changent de signe, la réaction change de sens, l'anode devient la cathode, et vice versa. Ensuite, naturellement, la force électromotrice augmente avec la température, et, à une température très élevée, par suite de l'influence du second terme, elle dépend principalement de la température. Mais ce ne sont là, pour ainsi dire, que les contours extérieurs du phénomène, dont l'étude expérimentale n'a été que commencée.

CHAPITRE VII

LES COMMENCEMENTS DE L'ÉLECTROCHIMIE TECHNIQUE

Les découvertes de Galvani et de Volta n'avaient pas révélé une nouvelle espèce d'énergie, puisqu'on savait produire de l'électricité par le frottement ; et l'on connaissait déjà un assez grand nombre de phénomènes électriques quand Volta prouva que les phénomènes galvaniques étaient des phénomènes électriques. Cependant l'électricité galvanique étant une manifestation particulière de l'énergie électrique, il était nécessaire de s'assurer si elle est de même essence que l'électricité de frottement. Faraday entreprit des recherches dans ce but (p. 96), et il établit que toutes deux peuvent être mesurées de la même façon, produisent les mêmes effets et présentent les mêmes propriétés, à condition que les grandeurs qui les déterminent aient des valeurs égales.

Ces grandeurs sont la *quantité d'électricité* et la *tension*.

L'énergie électrique est le produit de ces deux grandeurs. C'est-à-dire que de la même quantité de travail on peut, si on la transforme complètement en énergie électrique, tirer soit une petite quantité d'électricité de tension élevée (machine électrique), soit une grande quantité d'électricité de faible tension (élément galvanique). Pendant longtemps on manqua de moyens commodes pour entrer dans les domaines intermédiaires entre celui de l'électricité de haute tension et celui de l'électricité de faible tension ; c'est pourquoi, dans les ouvrages didactiques, on représentait ces deux derniers domaines comme presque complètement indépendants l'un de l'autre. Au cours des recherches dont il vient d'être question, Faraday montra que, par exemple, deux fils métalliques de $\frac{1}{18}$ pouce de diamètre, l'un de zinc et l'autre de platine, plongeant pendant $\frac{8}{150}$ minute à une profondeur de $\frac{5}{8}$ pouce dans l'acide sulfurique très dilué résultant du mélange de une goutte d'acide concentré avec quatre onces d'eau, fournit autant d'électricité que trente tours d'une machine électrique de grande dimension et très puissante. Il faut bien remarquer qu'il s'agit ici de la quantité d'électricité, et non de l'énergie électrique. Celle-ci est beaucoup plus grande dans le second cas, car la tension de l'électricité de frottement est bien des milliers de fois plus grande que celle de cette pile zinc-platine.

Il en est de ces deux facteurs comme de la quantité d'eau et de la hauteur de pression dans un appareil hydraulique. Le travail est égal au produit de ces deux grandeurs ; le même travail peut donc être obtenu soit au moyen d'une petite quantité d'eau tombant d'une hauteur considérable, soit au moyen d'une grande quantité d'eau tombant d'une faible hauteur. Le premier cas correspond à l'électricité de frottement, le second à l'électricité galvanique.

Or, au début, les quantités de travail réalisées sous l'une ou sous l'autre forme étaient peu considérables. Par conséquent il n'était possible de faire des applications techniques de l'énergie électrique qu'à cause de certaines propriétés particulières qu'elle possède. De ces propriétés la plus importante est celle de pouvoir être limitée dans l'espace par des substances déterminées, par des substances conductrices de l'électricité. S'il en est ainsi, c'est parce que l'air se trouve par hasard ne pas être conducteur. De même qu'on enferme dans une bouteille d'acier de l'hydrogène ou de l'oxygène comprimés, de même on enferme l'énergie électrique dans l'air, qui est pour elle comme un vase ; avantage immense, on n'a pas besoin de fabriquer ce vase : il se forme spontanément dès qu'on introduit dans l'air un conducteur de l'électricité. Celui-ci représente alors l'intérieur de la « bouteille à électricité », dont les parois sont formées par l'air ; ces parois empêchent aussi bien l'électricité de s'échapper que les parois d'acier empêchent les gaz comprimés de se répandre en dehors de la bouteille.

Voici une autre propriété, non moins importante, de l'énergie électrique : elle se propage avec une dépense de temps pratiquement nulle (avec des vitesses qui se rapprochent de celle de la lumière) dans le conducteur où on la fait entrer. C'est donc la forme d'énergie qu'il convient d'employer pour lutter contre le temps, car elle prend pour faire le tour de la terre moins de temps encore qu'Ariel ne prétend qu'il lui en faut. On peut donc s'attendre à voir les premières applications techniques de l'énergie électrique fondées sur cette propriété.

Et, en effet, à une époque où l'on ne connaissait que l'électricité de frottement, on chercha déjà à construire un *télégraphe électrique*. Ce n'est pas ici le lieu d'exposer ces tentatives, car elles n'ont rien de commun avec l'électrochimie. Disons seulement que, dès 1746, Winkler, professeur à l'Université de Leipzig, avait démontré que l'on peut comprendre dans le circuit de la décharge électrique des étendues aussi considérables que l'on veut d'eau ou de terre, sans beaucoup affaiblir le processus. Il n'est donc nécessaire d'employer qu'un seul fil conducteur pour relier les deux stations entre lesquelles on veut télégraphier; on peut remplacer le fil de retour par la terre, avec laquelle on met en communication les deux postes.

Dans un travail excellent publié en 1803, F. M. Basse, de Hameln, démontra que ce qui précède s'applique également à la pile voltaïque. Plusieurs phénomènes lui prouvèrent qu'il y avait conduction du courant : d'abord des étincelles jaillissant de petites lames de métal intercalées dans le circuit, étincelles provenant de l'échauffement et de la combustion de ces lames sous l'action du courant ; ensuite un dégagement de gaz dans un récipient contenant de l'eau; enfin des secousses et des sensations lumineuses éprouvées par l'expérimentateur. Basse se convainquit que ces phénomènes se produisaient encore soit quand le circuit comprenait un fil de 4000 pieds de long, soit quand on y intercalait 3000 pieds de terre et d'eau (une prairie humide et un fossé).

Il montra que l'on pouvait tirer de ce fait des conclusions très importantes, mais, chose curieuse, il n'indiqua pas que l'on pouvait le mettre à profit pour faire parvenir en un instant des signaux au loin. Cette indication ne se trouve pas non plus dans un travail un peu postérieur du physicien berlinois Erman, qui confirma tous les résultats obtenus par Basse. L'idée de cette application de l'électricité voltaïque ne fut conçue qu'un peu plus tard, par le médecin Samuel Thomas Sömmering ; c'est un phénomène physiologique qui la lui fit concevoir.

Depuis l'expérience effectuée sur la grenouille par Galvani, on savait que les nerfs étaient des conducteurs de l'électricité, et qu'on n'avait qu'à les exciter en un point quelconque pour provoquer des contractions des muscles avec lesquels ils sont reliés. Nous avons vu comment l'analogie entre la conduction électrique et la conduction d'une excitation dans le nerf amena Galvani à considérer ces deux phénomènes comme identiques. C'est une idée à laquelle on est resté attaché très longtemps et qui a, aujourd'hui encore, d'assez nombreux défenseurs, bien qu'Helmholtz ait démontré que la vitesse avec laquelle une excitation est conduite dans le nerf, loin d'égaler celle de la conduction électrique, est seulement de 30 à 60 mètres à la seconde. Eh bien, Sömmering se dit que, de même que le nerf conduit des informations de l'œil au cerveau et du cerveau au muscle, de même il devait être possible de conduire des informations au loin au moyen d'un fil métallique parcouru par un courant électrique. Comment s'en assurer? L'appareil récepteur le plus sensible aurait été la grenouille préparée, car elle réagit à des courants d'une faiblesse extrême; mais elle a l'inconvénient de s'altérer vite. Sömmering eut l'idée d'utiliser la *décomposition de l'eau*. Voici comment il procéda. Les deux stations furent mises en communication par trente fils métalliques tendus l'un à côté de l'autre. Les extrémités de ces fils furent reliées d'une part avec des contacts auxquels on pouvait amener le courant d'une pile, et d'autre part avec de petits morceaux de fil d'or terminés en pointe, qui étaient tous fixés dans une auge contenant de l'eau acidulée. Chaque fil correspondait des deux côtés à une lettre ou à un chiffre. Si l'on voulait télégraphier Volta, par exemple, on reliait d'abord la pile aux lettres V et O de telle sorte qu'à l'autre poste il se dégageât de l'oxygène près de la première de ces lettres, et de l'hydrogène près de la seconde. (Il était aisé de distinguer ces deux gaz l'un de l'autre, grâce à la différence de forme que présentent leurs bulles et à la différence des volumes dégagés). On télégraphiait de même les deux lettres L, T, et enfin la lettre A.

Sömmering avait conçu cette idée dans l'été de 1809 ; son journal contient le reflet des inquiétudes qu'il éprouvait lorsque de petites difficultés techniques lui faisaient craindre de ne pouvoir la réaliser. La difficulté de beaucoup la plus grande contre laquelle il avait à lutter était d'obtenir un bon isolement de ses fils (dans les premiers temps, on chercha à isoler les fils des piles voltaïques au moyen de cire à cacheter ; plus tard seulement on songea à les entourer de soie). On se fera une idée de la difficulté que présentait alors l'isolement des fils si l'on pense à la complication des procédés mécaniques qu'exige la fabrication des câbles en usage aujourd'hui. Si certaines expériences effectuées au XVIIIe siècle sur l'électricité de frottement, expériences que nous avons mentionnées plus haut, ne donnèrent pas de résultats, c'est que, à cause de sa haute tension, cette électricité est encore beaucoup plus difficile à isoler que l'électricité voltaïque.

Sömmering finit par vaincre les difficultés qui l'arrêtaient et par réaliser l'appareil qu'il avait conçu (il figure dans les collections du Musée allemand de Munich, et aujourd'hui encore on peut le faire fonctionner). Mais il ne réussit pas à le faire adopter. Napoléon Ier lui-même, qui savait pourtant combien, à la guerre, il est nécessaire d'être renseigné rapidement, et qui, de plus, s'était très vivement intéressé au galvanisme, n'eut pas assez de perspicacité pour comprendre l'immense portée de l'invention de Sömmering. « C'est une idée germanique », se contenta-t-il de dire quand on fit fonctionner l'appareil devant lui.

Nous ne poursuivrons pas plus loin l'histoire du télégraphe électrique, parce que les appareils postérieurs à celui de Sömmering ne sont pas fondés sur l'électrochimie, mais sur l'*électromagnétisme*. Nous rappellerons seulement que le premier appareil de télégraphie électromagnétique fut construit à Göttingen, par Gauss et Wilhelm Weber. Un procédé reposant sur l'action que le courant exerce sur une aiguille aimantée mobile, action découverte par Œrstedt en 1820, était beaucoup plus rapide et beaucoup plus sensible que celui où l'on recourait à la formation de gaz par électrolyse de l'eau; aussi devait-il nécessairement le supplanter. Mais, le télégraphe ne devint pratique et ne se répandit que lorsque l'appareil d'observation, avec son barreau aimanté et sa règle graduée, appareil dont le maniement demandait un physicien, eut été remplacé par le robuste récepteur de Morse. On voit une fois de plus, par cet exemple, que la possibilité de passer d'une idée à sa réalisation technique dépend de plus d'un facteur.

La pile Daniell trouva son emploi dans la télégraphie, grâce à la constance de sa force électromotrice et au peu d'entretien qu'elle exige.

On a déjà dit que Jakobi, professeur à l'Université de Saint-Pétersbourg, avait inventé, sans avoir connaissance des travaux de Daniell, une pile constante. Comme Joule, Jakobi avait en vue de faire produire au courant électrique des effets moteurs. Aussi eut-il soin que la résistance intérieure de sa pile fût des plus faibles. Il réussit à construire un moteur magnéto-électrique assez puissant pour faire mouvoir un bateau, avec lequel il navigua sur la Néva. Mais, constatant que ce mode de propulsion était beaucoup plus coûteux que la propulsion par la vapeur, il ne chercha pas à le répandre.

Il fit une autre invention capitale. Celle-ci ne demandait pas le génie qui crée de toutes pièces un appareil. Pour la réaliser, il suffisait d'avoir l'œil ouvert et de comprendre que tel phénomène observé était susceptible d'une application technique. Car on arrive de deux façons différentes à faire des inventions. Tantôt on se propose un but, et l'on cherche à quels phénomènes, à quels processus connus on doit recourir pour l'atteindre. Tantôt, en face d'un phénomène nouveau, ou d'un phénomène accoutumé que l'on voit avec de nouveaux yeux, on se demande quel parti on pourra en tirer. C'est une invention de cette seconde catégorie que fit Jakobi.

Il remarqua que le cuivre métallique qui, dans sa pile, se précipitait sur la cathode, s'en laissait généralement détacher sans grande difficulté. Il remarqua aussi que ce cuivre se logeait jusque dans les moindres creux, les moindres rayures, présentés par la surface de la cathode, dont on obtenait ainsi une reproduction négative. Il comprit aussitôt qu'il avait entre les mains un procédé de *moulage à froid* permettant de reproduire en cuivre cohérent et tenace un objet quelconque, à la seule condition que cet objet ne fût pas attaqué par une solution froide de sulfate de cuivre. Il se convainquit bientôt qu'il suffit de revêtir de graphite la surface d'un corps quelconque pour le rendre suffisamment conducteur. Il avait ainsi inventé la *galvanoplastie*.

Dans une lettre adressée à Faraday en 1839, lettre où il lui parle de son bateau mû par l'électricité et exprime l'espoir de pouvoir construire l'année suivante un bateau électromagnétique de 10 à 50 chevaux, il s'étend sur l'application de la galvanoplastie à la reproduction de planches de cuivre gravées. Son procédé consiste à faire un négatif et un positif en cuivre. Comme on le sait, ce procédé a été perfectionné dans la suite; maintenant on fait le négatif en gutta-percha ou en un métal facilement fusible, et l'on n'a recours à la galvanoplastie que pour obtenir le positif. Voici un passage de cette lettre, où il expose une autre application particulièrement remarquable de la galvanoplastie. « J'aurai bientôt l'honneur de vous envoyer un bas-relief en cuivre, dont l'original est formé d'une substance plastique se prêtant à tous les besoins et à tous les caprices de l'artiste. Au moyen de ce procédé, on conserve tous les traits fins; or ce sont eux qui constituent la principale beauté d'une œuvre de ce genre, et la fonte ne peut pas les reproduire dans toute leur délicatesse. Les artistes doivent être très reconnaissants au galvanisme de leur avoir ouvert cette voie nouvelle ». Bien que Jakobi ait montré ici avec la plus grande netteté l'avantage que présente la galvanoplastie au point de vue artistique, il existe aujourd'hui encore, chez ceux qui sont considérés comme traitant avec le plus de compétence de l'histoire des arts, une aversion superstitieuse pour ce procédé idéal. On prétend qu'il ne s'accorde pas avec la « nature artistique » des matières employées. Si l'on s'obstine dans cette prévention, c'est parce que les Grecs et les Romains n'employaient pas ce procédé. C'est là une des conséquences fâcheuses de ce fait que, en Allemagne notamment, les professeurs d'Université enseignent la théorie de l'art dans un esprit archéologique, au lieu de lui donner une base technique.

Bientôt après l'invention de la galvanoplastie, on se servit de ce procédé pour revêtir de métaux nobles, en particulier d'or et d'argent, des surfaces conductrices. Toutefois il ne devint possible de pratiquer la galvanoplastie sur une grande échelle que lorsqu'on eut trouvé le moyen de produire du courant électrique en abondance et à bon marché, c'est-à-dire lorsqu'on eut réalisé la *machine dynamo-électrique*, dont le principe est dû à Siemens et à Wilde.

On chercha à obtenir des piles présentant certains avantages sur la pile Daniell en recourant à des réactions différentes de celles qui s'accomplissent dans celle-ci. C'est de cette façon que

Grove réalisa une pile qui présente, en effet, des avantages considérables sur celle de Daniell ; un peu modifiée, elle a été utilisée, pendant près de trente ans, dans tous les cas où l'on avait besoin d'un courant fort et durable. Au lieu d'une cathode en cuivre plongeant dans une solution de sulfate de cuivre, elle emploie une cathode de platine plongeant dans de l'acide nitrique concentré. Sa force électromotrice est presque deux fois plus grande que celle de la pile Daniell, et sa résistance intérieure est beaucoup moindre, par suite de la grande conductibilité de l'acide nitrique. Le processus chimique qui s'y effectue consiste dans l'oxydation du zinc par l'acide nitrique. Lorsqu'on réunit ces substances, la réaction est d'une violence extrême, mais lorsqu'on les sépare, comme le demande la théorie de la pile, on peut fort bien la régler.

En mettant dans sa pile un agent d'oxydation à la cathode, Grove prouva qu'on pouvait construire les appareils électrochimiques d'après un principe radicalement nouveau. La pile de Grove avait d'ailleurs l'avantage d'être petite et facile à manier, tout en fournissant un courant fort et constant. Les journaux scientifiques de l'époque (l'invention de Grove date de 1840) sont remplis d'éloges sur les qualités de cette pile. Seulement la cherté du platine ne permettait d'employer la nouvelle pile que pour des recherches scientifiques. Cooper, de Londres, remplaça la cathode de platine par une cathode en charbon de cornue, un peu plus volumineuse, mais beaucoup moins chère. Le charbon de cornue est un charbon très pur et bon conducteur, que l'on recueille dans les usines à gaz ; au contact des portions les plus chaudes de la cornue, le gaz se dépouille d'une partie de son carbone, qui se dépose à la surface de la cornue sous la forme d'une masse compacte.

Sans connaître les travaux de Cooper, Bunsen utilisa également le charbon dans la construction de sa pile. De plus, il imagina un procédé pour la fabrication de charbon conducteur. Ce procédé, qui consistait essentiellement à chauffer à une température très élevée un mélange de coke et de goudron de houille, permettait d'obtenir immédiatement des électrodes de la forme désirée.

Bunsen fit de sa pile diverses applications. Il s'en servit d'abord pour produire un arc électrique entre deux charbons. L'arc électrique, dont l'éclat est plus vif que celui de toute autre lumière artificielle, avait été découvert par Davy, alors qu'il étudiait la décharge de la grande batterie que la Royal Institution lui avait donné les moyens de construire après qu'il eut isolé les métaux alcalins. (Cette découverte de l'arc électrique est un nouvel exemple de l'importance qu'il peut y avoir à augmenter la puissance d'un appareil, car la production de l'arc exige une certaine intensité minimum du courant ; de même pour la tension, dont la valeur minimum doit être de 40 volts environ.) Mais comme, à l'époque de Davy, on n'avait que des piles peu constantes, l'arc électrique qu'il obtenait n'apparaissait qu'à de longs intervalles, pour disparaître aussitôt. Avec sa batterie, Bunsen arriva à obtenir un arc électrique qui durait quelques heures. Pendant plusieurs dizaines d'années, on n'eut pas d'autre appareil donnant ce résultat. Il en fut autrement quand eurent été inventées les machines électromagnétiques et dynamo-électriques.

Bunsen se servit aussi de sa pile pour opérer la *séparation électrolytique de différents métaux légers*, en particulier du *magnésium* et de l'*aluminium*. Davy avait vainement tenté de décomposer les combinaisons oxygénées de ces deux derniers métaux. Bunsen décomposa très facilement leurs combinaisons halogénées, et obtint avec le magnésium les beaux phénomènes de combustion que l'on connait. Pendant longtemps, le magnésium ne servit guère qu'à produire de ces phénomènes de combustion. S'il a reçu d'autres applications, c'est grâce à la machine dynamo-électrique, qui permet de le produire sur une grande échelle.

On voit donc que diverses industries reposant sur l'emploi de l'électricité n'ont pas pris un grand développement tant qu'on n'a eu à sa disposition que le courant des piles voltaïques. Cela tient au prix de revient de l'énergie électrique provenant du zinc et des autres substances que contiennent les piles. Il est beaucoup plus élevé que celui de l'énergie électrique provenant de la transformation de l'énergie mécanique fournie par la combustion du charbon de terre. Pour obtenir du zinc, il faut dépenser d'une part une quantité équivalente de charbon, d'autre part une nouvelle quantité, beaucoup plus considérable, de ce même combustible, afin de porter le minerai de zinc à la température très élevée à laquelle s'opère sa réduction. D'ailleurs on dépense de l'énergie pour l'extraction du minerai, ce qui augmente d'autant le prix du métal. Au prix du zinc il faut ajouter celui des autres substances contenues dans la pile, etc. D'après cela, on comprend que l'énergie électrique fournie par la pile soit coûteuse. Seules, les industries où l'on n'a pas à transporter de grandes quantités d'énergie électrique purent se développer avant que l'invention de la machine dynamo-électrique permît de produire cette énergie à bon marché. Il y a aujourd'hui encore une ligne de démarcation bien nette entre ces industries et les autres, d'où les dénominations de *technique du courant faible* et de *technique du courant fort*.

Il nous faut encore parler d'une autre branche de l'électrochimie appliquée, à savoir l'*électro-analyse*, qui, elle aussi, n'a pris un grand développement que dans les derniers temps. Dans l'analyse quantitative ordinaire, on détermine la précipitation de la substance à doser, puis on isole le précipité au moyen de la filtration, de la centrifugation ou de quelque autre procédé convenable. Dans l'électro-analyse, des substances déterminées sont amenées à des endroits déterminés, les électrodes, où elles se déposent sous une forme appropriée. Ce second mode d'analyse à donc de grands avantages sur le premier. L'idée de déceler le cuivre dans une solution en le faisant précipiter sur la cathode par le courant prit naissance dès qu'on eut observé avec quelle facilité cette précipitation s'effectue dans la pile Daniell. D'ailleurs, dès le commencement du dix-neuvième siècle, on aimait à recourir, dans l'analyse qualitative, à la précipitation du cuivre sur une tige de fer (l'aiguille à tricoter traditionnelle).

La première application spéciale de l'électrolyse à l'analyse est due à A. C. Becquerel (1839), et repose sur le fait que, contrairement à tous les autres métaux, le plomb et le manganèse peuvent se séparer à l'anode (sous forme de peroxydes). Pour que ce phénomène se produise, il faut s'adresser aux acétates de ces métaux; or ces acétates sont faciles à obtenir : on n'a qu'à ajouter un acétate alcalin quelconque au sel qu'on a entre les mains. A. C. Becquerel constata que la précipitation complète de ces peroxydes exige l'emploi d'un courant assez fort pendant plusieurs heures, quelquefois pendant vingt-quatre heures. C'est là une condition qui n'était pas précisément facile à remplir alors ; aussi s'explique-t-on que le procédé n'ait pas été adopté.

Mais dès cette époque on put tirer parti, dans la pratique, du fait que les ions abandonnent le liquide pour se porter aux électrodes. On en profita dans les cas où de petites quantités de métaux se trouvaient mêlées à de grandes masses de substances étrangères difficiles à manier, et en particulier lorsqu'il s'agissait de rechercher des métaux toxiques dans des mélanges organiques, tels que le chyme, le contenu de l'estomac, les tissus animaux. Ce procédé fut employé pour la première fois en 1840 par Gaulthier de Claubry, qui le prôna beaucoup ; il fut perfectionné dans la suite.

Le premier qui ait fait des études approfondies d'électro-analyse quantitative est Wollcott Gibbs (qu'il ne faut pas confondre avec Willard Gibbs). Il publia des travaux fondamentaux sur toute une série de métaux. Naturellement la séparation du cuivre fut le premier objet de ses recherches. Peu après, Luckow signala que l'électro-analyse du cuivre était pratiquée depuis un certain nombre d'années déjà à la société du cuivre de Mansfeld, et indiqua les règles exactes à suivre pour obtenir sûrement de bons résultats.

Depuis cette époque, l'électro-analyse s'est développée rapidement ; ses progrès ont été particulièrement rapides après que, en 1880 et en 1881, E. F. Smith en Amérique et Al. Classen en Allemagne se furent donné pour tâche de la perfectionner. C'est d'une façon purement empirique qu'on la perfectionna d'abord : au moyen d'expériences très variées, on découvrit quelles sont les solutions d'où les divers métaux se séparent le plus facilement et sous la forme la plus appropriée (sous forme d'une couche unie). Des découvertes capitales dans le domaine de l'électrochimie scientifique pouvaient seules fournir des bases théoriques pour le perfectionnement de l'électro-analyse. Voyons quelles furent ces découvertes, qui font époque dans l'histoire de l'électrochimie.

CHAPITRE VIII

VAN'T HOFF ET ARRHENIUS

Les études de Wilhelm Hittorf (p. 104) sur le phénomène de la conduction électrique par les électrolytes avaient apporté la lumière dans un domaine où auparavant tout était obscur. On put dès lors se représenter comment, mus par la chute de tension le long du conducteur, les cations et les anions se déplacent dans deux sens opposés, les uns et les autres avec une vitesse qui leur est propre, vitesse déterminée naturellement par la chute de tension, mais dépendant d'ailleurs de leur nature (de même que, sous une pression égale, des liquides différents s'écoulent avec des vitesses différentes).

Mais comment, se demandait Hittorf, les cations et les anions arrivent-ils à se mouvoir ? Ils étaient pourtant liés les uns aux autres ; ils formaient ensemble le sel dont la solution conduit le courant. Car Hittorf voyait clairement que les seules substances pouvant conduire le courant sont les substances susceptibles de se diviser en cations et anions, c'est-à-dire celles qui ont une *composition binaire*. Il arriva ainsi à cette conception générale que les notions d'électrolyte et de sel sont identiques. Naturellement le mot sel doit être pris ici dans son sens le plus général ; il doit comprendre les acides (sels hydrogénés) et les bases (sels contenant le groupe hydroxyle).

Hittorf parvint en outre à la conclusion que les sels qui conduisaient le mieux le courant étaient ceux dont le cation et l'anion se séparaient le plus facilement l'un de l'autre, car, suivant les idées qui régnaient en chimie, la conduction du courant devait reposer sur de pareilles séparations. D'après le temps que mettait, pour traverser ses appareils, une certaine quantité d'électricité (quantité qu'il mesurait, en se fondant sur la loi de Faraday, au moyen d'un vase à décomposition intercalé dans le circuit), il lui était facile de se faire une idée suffisamment exacte de la conductibilité de ses solutions. Or, il constata que les sels qui conduisaient le mieux étaient justement ceux dont on considérait les éléments comme unis par les affinités les plus fortes, que des sels d'une nature beaucoup moins stable opposaient au courant de très grandes résistances. Ainsi, parmi les sels neutres, le chlorure de potassium se trouva être le meilleur conducteur de l'électricité, bien que Berzelius eût mis le potassium tout au commencement de la série des métaux positifs, de sorte que sa combinaison avec le chlore passait pour constituer le plus stable de tous les chlorures. D'autre part, Hittorf ne réussit pas à faire passer un courant d'une intensité appréciable par une solution de chlorure de mercure, sel dont les composants ne sont pas regardés comme unis par des affinités particulièrement fortes.

Les faits de la conduction électrolytique se trouvaient donc être en opposition absolue avec les vues théoriques qui régnaient alors au sujet de la constitution des composés salins.

Dans tous les cas pareils, on peut être sûr que les contradictions de ce genre ne sont pas les seules. Tôt ou tard on réussit à ramener à un point de vue commun les différents faits relatifs à une substance ou à un processus déterminé ; de sorte qu'ils apparaissent alors comme conditionnés les uns par les autres, et par là comme nécessaires ou « expliqués ». Si donc les conductibilités électrolytiques ne s'accordaient pas avec la théorie reçue, d'autres faits devaient être aussi en contradiction avec elle. Gay-Lussac, un des chimistes français les plus ingénieux et les plus libres d'idées préconçues, avait signalé dès 1839 une semblable contradiction ; il avait montré que la manière dont se comportaient les mélanges de sels dans les réactions de toute espèce ne correspondait pas aux idées généralement admises sur la constitution des sels. En effet, les composants des sels, à savoir leurs acides et leurs bases, comme disait Gay-Lussac, leurs ions, comme nous disons aujourd'hui, se comportent vis-à-vis de tous les corps intervenant comme s'ils n'étaient jamais liés à une base ou à un acide (ou bien à un ion) déterminé. Aussi Gay-Lussac formule-t-il un principe, qu'il appelle le principe de l' « équipollence », en vertu duquel tout échange possible des composants des sels a lieu ou au moins peut avoir lieu constamment. Dans un mélange de sels en dissolution, peu importe, d'après Gay-Lussac, avec quel acide une base B se trouve unie, ou à quelle base un acide A est lié, la base B pouvant se combiner avec l'un quelconque des acides, et l'acide A avec l'une quelconque des bases, puisque la solution se comporte comme s'il s'y trouvait tous les composés possibles; la seule chose essentielle, c'est que la solution soit neutre, ou, en langage moderne, que les anions soient équivalents aux cations.

Les vues de Gay-Lussac ne furent ni acceptées ni combattues; elles passèrent inaperçues. Il en fut de même de certaines considérations émises en 1857 par Clausius, l'un des fondateurs de la thermodynamique. Ces considérations se rapportaient à certains faits bien connus de la conduction électrolytique. On savait depuis longtemps que les courants les plus faibles eux-mêmes peuvent passer par les électrolytes (le physicien Buff, entre autres, avait eu l'idée de mettre à l'épreuve la loi de Faraday au moyen de courants extrêmement faibles et avait réussi à en constater ainsi l'exactitude). Or, si le courant devait commencer par séparer les ions des sels, cela ne pourrait pas être le cas; si l'on suppose que la tension va en augmentant, le courant ne devrait pas pouvoir passer avant que soit atteinte la tension nécessaire à la décomposition; puis, à la moindre augmentation nouvelle de la tension, il devrait se manifester brusquement un courant fort. Au lieu de cela, les liquides électrolytiques se comportent d'une façon absolument conforme à la loi d'Ohm, c'est-à-dire que l'intensité y est toujours proportionnelle à la tension, quelle que soit la valeur de celle-ci.

Pour expliquer ce fait, Clausius s'appuya sur sa théorie cinétique des corps. D'après cette théorie, les molécules se trouvent constamment animées d'un mouvement rapide, et s'entrechoquent souvent; or ces chocs rompent de temps en temps les combinaisons, *de sorte qu'à chaque instant il se trouve une certaine quantité de molécules partielles* (*ou ions*) *libres*. A cause de leur état de liberté, ces ions sont prêts à se mouvoir dans le sens de la chute électrique; *ce sont donc eux qui déterminent la conduction électrolytique*.

A cette explication on a fait, beaucoup plus tard, il est vrai, l'objection suivante. Il doit évidemment se produire entre les molécules d'un sel des chocs d'autant plus fréquents que celles-ci sont plus rapprochées, ou, en d'autres termes, que la solution est plus concentrée. Par suite, les solutions concentrées devraient être plus conductrices que les solutions diluées. Il en est bien ainsi d'ailleurs, mais seulement quand on considère la *conduction spécifique*, c'est-à-dire la conduction effectuée par des cubes égaux des différentes solutions. Or, pour un volume donné, il y a naturellement plus de molécules de sel dans une solution concentrée que dans une solution diluée, et, si la conduction y est meilleure, ce fait en est, partiellement au moins, la cause.

Pour comparer la conduction effectuée par des solutions concentrées avec la conduction effectuée par des solutions diluées, on opère de la manière suivante : entre deux électrodes maintenues à une distance constante, on verse des quantités telles des solutions différemment concentrées que la conduction soit effectuée par la même quantité de sel. Or, en étudiant ainsi la *conductibilité équivalente* de solutions différemment concentrées d'un même sel, on arrive à un résultat opposé à celui auquel on pouvait s'attendre : *la conductibilité équivalente est d'autant plus grande que la dilution est plus grande ;* elle se rapproche d'une valeur limite pour une dilution illimitée. Un grand nombre d'électrolytes, notamment les sels neutres, atteignent déjà une valeur voisine de la limite à des dilutions que l'on peut encore déterminer exactement ; mais dans le cas d'autres électrolytes, parmi lesquels se trouvent surtout des acides et des bases, la conductibilité augmente encore fortement aux plus grandes dilutions mesurables, de sorte que la détermination expérimentale, même approchée, de la valeur limite de leur conductibilité est impossible.

On ne peut pas reprocher à Clausius de n'avoir pas tenu compte de ces faits, car ils n'étaient pas encore connus à l'époque où il édifia sa théorie. Ils ont été établis par les longs travaux que Kohlrausch effectua entre 1870 et 1890.

Les mêmes résultats furent obtenus par un jeune physicien d'Upsal, qui prépara ses thèses de doctorat et d'agrégation sous la direction d'Edlund, professeur à l'université de Stockholm. Il s'appelait Svante Arrhenius, et il avait quitté Upsal pour Stockholm, parce qu'il s'était formé en lui des idées qui ne s'accordaient pas avec celles des professeurs d'Upsal.

Arrhenius admit, comme Clausius, que la partie conductrice d'un sel doit différer en quelque chose de sa partie non conductrice ; il appela l'une la *partie active*, et l'autre, la *partie passive*. Se fondant sur les résultats que l'on vient d'indiquer, et qu'il avait obtenus par un procédé tout différent de celui de Kohlrausch, il reconnut dans le rapport entre la conductibilité d'une solution équivalente d'une dilution donnée et la conductibilité manifestée par une solution de la même substance lorsque sa dilution est illimitée, un moyen de calculer la partie active. Si, par exemple, la solution avait une conductibilité équivalente égale aux $\frac{8}{10}$ seulement de celle qui correspondait à une dilution très grande (on considère le cas où, en diluant davantage, on n'augmente pas la conductibilité), on devait en conclure que, dans la première solution, les $\frac{8}{10}$ ou les $\frac{80}{100}$ du sel se trouvaient à l'état actif. Car puisque, en diluant davantage cette solution, on n'en augmentait pas la conductibilité, c'est que tout le sel y était à l'état actif.

Ce travail fut publié en 1884. Il semble d'abord que la conception qui y est exposée n'en dise pas plus que les faits dont elle a été tirée. Car, que l'on désigne ou non la conductibilité sous le nom d'activité, c'est en somme une simple question de mots. Sans doute, l'idée qu'Arrhenius se faisait de la conductibilité est plus précise que celle qu'on s'en faisait avant lui, car il en attribuait les variations à une circonstance déterminée, à savoir un changement spécial éprouvé par le sel. Toutefois, ses considérations ne conduisaient qu'à une description différente des faits, description dont la justesse était plausible, mais n'était pas prouvée.

Mais les choses changèrent radicalement quand Arrhenius eut énoncé le principe que *l'activité détermine des réactions chimiques dans la mesure où elle détermine la conductibilité*, ou, en d'autres termes, que *la conductibilité est une mesure de l'activité chimique*.

Ce principe fut rendu fécond de deux manières. D'abord Arrhenius le prit pour point de départ d'une théorie très étudiée de l'équilibre chimique. Or, lorsque plus tard on constata que cette théorie concordait absolument avec la théorie de l'équilibre chimique établie précédemment par Guldberg et Waage d'une part, par Willard Gibbs d'autre part, théorie que l'on savait exacte, on eut la preuve que le principe d'où était parti Arrhenius était également exact. Ensuite, il employa les quelques mesures connues permettant de comparer l'activité chimique (mesurée par la vitesse des processus comparables) avec la conductibilité électrique, et prouva la proportionnalité de ces deux grandeurs, en apparence indépendantes l'une de l'autre. De cette proportionnalité résultait que, en mesurant la conductibilité électrique, mesure qu'il était possible de faire en quelques minutes avec beaucoup de précision, on pouvait connaître une autre grandeur dont la mesure avait été considérée comme impossible, quelques dizaines d'années auparavant, par un chimiste éminent (dans l'intervalle, il est vrai, on avait trouvé moyen de la faire, mais elle était encore regardée comme des plus difficiles à effectuer).

L'utilité de distinguer la partie active de l'électrolyte de sa partie inactive était ainsi mise hors de doute. Très peu de temps après, Wilhelm Ostwald, qui avait déterminé par voie chimique, au prix de pénibles recherches, quelques douzaines de coefficients d'activité, entreprit de faire les mesures de conductibilité correspondantes. Il constata que le principe d'Arrhenius s'appliquait à toutes les substances qu'il avait ainsi étudiées; aucun des chiffres trouvés par lui ne révéla d'exception à ce principe.

Il ne restait plus qu'à déterminer la différence existant entre la partie active et la partie inactive des sels. Les recherches dont nous venons de parler avaient seulement démontré que cette différence existe et qu'elle varie avec la nature du cas considéré; c'était déjà, d'ailleurs, un grand progrès pour la science. Une explication ébauchée par Arrhenius, explication visant spécialement la transformation de l'ammoniaque en hydroxyde d'ammonium par combinaison avec l'eau, semblait acceptable pour ce corps, mais ne s'appliquait pas, sans forcer les choses, aux autres électrolytes. C'était encore là une explication *ad hoc*, dont la justesse n'était pas confirmée par l'expérience, sauf peut-être dans le cas de l'ammoniaque.

La théorie d'Arrhenius était donc incomplète.

Une autre théorie, qui s'était fait jour depuis peu, et qui paraissait devoir être féconde, était également incomplète. En combinant ces deux théories, on ne fit rien perdre ni à l'une ni à l'autre, on ne fit que les compléter et les perfectionner l'une par l'autre. Chacune s'appropria les idées contenues dans l'autre.

Cette autre théorie, c'était la *théorie des solutions de van't Hoff*. Ce savant était né en 1852 à Rotterdam, où son père exerçait la médecine. Il s'était intéressé de bonne heure à l'industrie, grâce à quoi il avait évité la perte de temps que fait subir à la jeunesse l'étude des humanités. Par suite, il s'était développé très tôt; et lorsque, après avoir achevé de se préparer à l'industrie, il manifesta un vif intérêt pour la science pure, il fut autorisé, à cause des aptitudes exceptionnelles dont il avait déjà fourni la preuve, à suivre les Cours de l'Université. A Utrecht, Bonn et Paris, il acquit, en très peu de temps, une forte culture scientifique, et, dans sa vingt-deuxième année, il étonna le monde par une étude sur les *formules dans l'espace en chimie*. Les idées toutes nouvelles contenues dans ce travail ont été développées par la suite, dans des proportions tout à fait extraordinaires. Un botaniste de ses amis lui avait fait connaitre certaines expériences effectuées par le botaniste Wilhelm Pfeffer sur la pression qui se développe, en des circonstances déterminées, dans les cellules des plantes et dans les cellules artificielles imitant celles des plantes : il étudia ce phénomène, auquel personne, en dehors des botanistes, n'avait fait attention, et le prit pour base d'une théorie des solutions qui n'a pas exercé moins d'influence sur la chimie que ses formules dans l'espace. Comme cette théorie a eu également une grande influence sur l'électrochimie, nous l'exposerons ici dans ses grandes lignes. Elle fut publiée en 1885, alors que van't Hoff était dans sa trente-troisième année.

Pfeffer avait observé que, dans certaines circonstances, il se développe dans les cellules des plantes des pressions très considérables, pouvant atteindre une douzaine d'atmosphères. Les conditions pour que ce phénomène ait lieu sont que la cellule se trouve entourée d'eau pure, qu'elle contienne, comme cela est généralement le cas, diverses substances dissoutes, et que celles-ci ne l'abandonnent pas pour se rendre dans l'eau ambiante. La pression exercée peut dès lors être considérée comme un signe des efforts faits par les substances dissoutes que contient la cellule pour se répandre en dehors de celle-ci ; elles en sont empêchées par la paroi de la cellule, d'où la pression subie par cette paroi. Tandis que d'autres savants se contentaient de dire qu'il y avait là un phénomène vital particulièrement remarquable, et aussi mystérieux que la vie elle-même, Pfeffer fit la tentative hardie de créer artificiellement une cellule ayant la propriété qu'il avait découverte à la cellule vivante.

Avant lui, Moritz Traube avait déjà réalisé des cellules artificielles, qui se comportaient sous beaucoup de rapports comme les cellules vivantes ; en particulier, elles ne laissaient pas les substances dissoutes qu'elles renfermaient se rendre dans l'eau qui les entourait. Traube naquit en 1826 à Ratibor, étudia les sciences physiques et naturelles et passa son doctorat de philosophie. Il fit ensuite le commerce de vins en gros, et, pendant ses loisirs, s'occupa de travaux scientifiques se rapportant principalement au domaine qui confine à la fois à la chimie et à la biologie. C'est en 1867 qu'il publia les recherches dont nous allons parler maintenant. Elles reposent sur l'idée suivante : si l'on met une goutte d'une solution contenant une substance A dans une autre solution renfermant une substance B, qui forme avec A un précipité insoluble, il doit se produire, à la surface de séparation des deux solutions, une membrane constituée par ce précipité, et qui ne laisse passer ni la substance A, ni la substance B. Car, s'il y avait à un endroit quelconque une ouverture par laquelle une des substances pût passer, les deux solutions s'y trouveraient nécessairement en contact, et il se produirait un précipité qui fermerait cette ouverture. Traube constata que tous les précipités ne forment pas des membranes cohérentes ; ceux qui remplissent le mieux cette condition sont ceux qui affectent *l'état colloïdal*, c'est-à-dire ceux qui ne sont pas à l'état cristallin et qui contiennent de l'eau. En faisant agir du tanin sur de la gélatine, et du sulfate de cuivre sur du ferrocyanure de potassium, il obtint des membranes qui, chose très remarquable, étaient impénétrables, non seulement aux substances ayant servi à les produire, mais à d'autres substances encore. Au contraire, elles étaient perméables à l'eau, car lorsque, par exemple, une cellule formée de l'une d'entre elles contenait une solution quelque peu concentrée, elle s'agrandissait d'une façon constante, par suite de la pression déterminée par l'eau qui s'y introduisait. En même temps, les ouvertures que pouvait présenter la cellule se fermaient d'elles-mêmes, parce que la membrane se reformait.

Pfeffer, qui voulait mesurer les valeurs de la pression, dut résoudre le problème de rendre ces membranes capables de résister à une pression de quelques atmosphères. Il le résolut en formant les précipités à l'intérieur de vases en terre poreuse tels que ceux dont on se sert pour les piles. Les parois de ces vases, dont le grain était relativement gros, en soutenant les membranes, leur donnaient la résistance nécessaire. Il réussit à constituer ainsi des appareils si résistants qu'il pouvait s'en servir sans qu'il se produisît de déchirures dans les membranes, de sorte qu'il n'était pas nécessaire que les liquides intérieur et extérieur continssent la moindre quantité des substances génératrices de ces membranes. Mais c'est seulement au moyen de vases de terre d'une espèce particulière qu'il put réaliser des appareils aussi parfaits. D'autres vases se montrèrent moins bien appropriés aux expériences qu'il poursuivait.

Ces expériences donnèrent les résultats suivants. Si, dans un vase garni d'une de ces membranes et plongé dans de l'eau pure, on introduisait une solution, la pression dans l'intérieur de ce vase, qui était fermé et pourvu d'un manomètre, s'élevait lentement jusqu'à une certaine valeur ; cette valeur dépendait de la nature de la substance dissoute et de la concentration de la solution. Si, au début d'une seconde expérience effectuée avec la même solution, on établissait dans le vase une pression supérieure à celle qui avait été atteinte spontanément dans la première expérience, il en sortait de l'eau jusqu'à ce que la pression fût redevenue ce qu'elle était à la fin de cette première expérience ; on avait donc affaire à un véritable *équilibre*. Pfeffer observa que les pressions déterminées ainsi par les sels dissous étaient remarquablement élevées, même pour de faibles concentrations, et que d'autres substances, en particulier les substances colloïdales, déterminaient des pressions beaucoup moindres. Il approfondit la question autant que cela lui était nécessaire pour ses travaux de botanique, et il tenta, mais vainement, de persuader aux physiciens et aux chimistes de sa connaissance de pousser plus loin l'étude de ce phénomène, qui était alors tout à fait incompréhensible pour eux.

Van't Hoff constata que la pression osmotique, comme Pfeffer avait appelé cette pression, offre une grande ressemblance avec la pression des gaz. De même que celle-ci, elle augmente proportionnellement à la concentration, ou à la densité, et, quand la température s'élève, s'accroît proportionnellement à la température absolue. Mais ce qu'il y a de plus merveilleux, c'est qu'elle concorde numériquement avec la pression que la substance considérée exercerait si, transformée en gaz, elle occupait le même volume à la même température. En d'autres termes, si nous imaginons d'abord que la solution de la substance A se trouve dans l'appareil de Pfeffer (qu'on appelle un osmomètre) à la pression qui se produit quand cet appareil est placé dans de l'eau pure, puis que toute l'eau, intérieure et extérieure, soit éliminée, de sorte que la substance A reste dans le vase intérieur sous forme de gaz, et que dans le vase extérieur il y ait le vide, la pression demeure ce qu'elle était.

Les substances étudiées par Pfeffer ne sont pas en général suffisamment gazéifiables aux températures des expériences pour qu'on puisse mesurer directement la pression que, sous forme gazeuse, elles posséderaient à ces températures. Mais au moyen de la pression exercée et du volume occupé par la substance considérée, dans des conditions quelconques où elle existe sous forme de gaz, on peut calculer la pression qu'elle exercerait si, restée gazeuse, elle se trouvait dans les conditions offertes par l'osmomètre.

Ce fait confirma l'idée, déjà énoncée incidemment, que l'état d'une substance dissoute est comparable à l'état gazeux. Ces deux états ne se distinguent que par la présence ou l'absence du dissolvant, et celui-ci agit à l'égard de la substance soluble comme l'espace vide à l'égard de la substance volatile.

Or les gaz et les vapeurs sont régis par une loi tout à fait générale, et par suite très importante, découverte par Gay-Lussac ; d'après cette loi, les quantités de gaz et de vapeurs qui, à la même pression et à la même température, peuvent être logées dans des espaces égaux, sont comparables chimiquement. Ces quantités sont proportionnelles aux poids des molécules des gaz et des vapeurs, c'est-à-dire à leurs *poids moléculaires*. On obtient le poids moléculaire d'un composé en additionnant les poids atomiques de ses composants (après multiplication quand il y a plusieurs fois le même composant dans le composé). Les poids moléculaires représentent, soit immédiatement, soit après multiplication par des facteurs entiers, les quantités dans lesquelles les substances réagissent les unes sur les autres. On obtient pour la systématique chimique les relations les plus nettes quand on choisit les formules des composés de telle façon qu'elles représentent des poids moléculaires, c'est-à-dire les poids de volumes égaux de ces composés supposés à l'état de vapeur.

On voit par ce qui précède combien la connaissance des poids moléculaires est importante pour la chimie. Or, grâce à la découverte de van't Hoff, il est possible de déterminer le poids moléculaire des substances qui ne peuvent pas être gazéifiées, à condition qu'on puisse les dissoudre dans un dissolvant quelconque. Car ce qui a été exposé plus haut au sujet des solutions aqueuses est vrai pour les solutions de toute espèce, ainsi qu'on le démontra bientôt.

Les mesures osmotiques sont difficiles à effectuer, et il n'y a qu'un petit nombre de substances qui se prètent à de pareilles mesures. Or van't Hoff a augmenté la portée de sa théorie en prouvant qu'au moyen de la thermodynamique des phénomènes tout autres que les phénomènes osmotiques peuvent être mis en relation de dépendance avec la pression osmotique, de telle façon qu'il devient possible de calculer celle-ci au moyen des données relatives à ces premiers phénomènes. Ceux-ci sont les changements que les propriétés des dissolvants subissent par le fait qu'on y dissout d'autres substances. Par exemple, toute solution se congèle à une température plus basse que le dissolvant pur; on met ce fait à profit quand, en hiver, on jette du sel sur les rails des tramways. Bien que la neige et le sel soient tous deux des substances solides, ils fondent dès qu'ils entrent en contact, parce que la solution du sel prend naissance à un point de congélation très bas (— 19°). Si la température ambiante est inférieure à — 19°, cette fusion a lieu.

Or, précisément à cette époque, F. M. Raoult, que nous avons appris à connaître précédemment (p. 139), à propos de questions toutes différentes, avait fait des expériences très étendues relativement à l'influence que les différentes substances exercent sur la température de congélation de leurs dissolvants. Jusque-là, on n'avait étudié que les solutions aqueuses ; Raoult étudia également les solutions obtenues au moyen d'autres dissolvants. Il avait constaté que si, avec le même dissolvant, on fait des solutions de différentes substances en prenant des poids de ces substances proportionnels à leurs poids moléculaires, les solutions ont toutes le même point de congélation ; c'est-à-dire que ces substances déterminent alors le même abaissement du point de congélation du dissolvant.

Van't Hoff prouva que ce fait se déduit des lois de la pression osmotique, lois établies par lui. Montrons qu'en effet il en doit être ainsi. Si l'on fait sortir de l'osmomètre un peu d'eau pure, en y augmentant la pression de façon qu'elle surpasse celle qui correspond à l'équilibre, on dépense pour effectuer cette opération une certaine quantité de travail ; cette quantité de travail est égale au produit de la pression par le volume de l'eau éliminée. Si la solution est plus diluée, la pression osmotique est plus faible, et il faut dépenser moins de travail pour faire sortir de l'osmomètre la même quantité d'eau. Toute solution est donc caractérisée, relativement à sa pression osmotique, par la valeur de ce travail.

Quand on fait congeler une solution, il se produit, dans un certain sens, la même chose, car la glace qui prend naissance est, ainsi que l'ont prouvé des expériences minutieuses, de la glace pure, c'est-à-dire de l'eau pure à l'état solide. Mais pour que s'effectue la séparation de l'eau sous forme de glace, il ne suffit pas, comme nous l'avons vu, que la solution arrive à la température de congélation du dissolvant pur ; il faut qu'elle atteigne une température plus basse. Cela constitue une condition forcée, que l'on peut également exprimer sous la forme d'un travail, en se fondant sur le second principe de l'énergétique. Comme le travail doit être le même, pour la même quantité d'eau éliminée de la même solution, de quelque façon qu'on opère cette élimination (sans quoi le mouvement perpétuel serait possible), on écrit que ces deux travaux sont égaux. L'équation contient d'un côté la pression osmotique et la quantité d'eau éliminée de l'osmomètre, et de l'autre côté l'expression thermodynamique relative au travail exigé par la séparation de la glace à la température de congélation de la solution ; cette expression contient l'abaissement de température, la chaleur de fusion de la glace, la température absolue à laquelle le processus a lieu, et enfin la quantité de glace. On pose la quantité d'eau égale à la quantité de glace, et l'on peut ainsi tirer la pression osmotique des autres grandeurs. On constate qu'elle est proportionnelle à l'abaissement de température. Cet abaissement de température est donc une mesure de la pression osmotique, et par conséquent il permet de déterminer le poids moléculaire de la substance dissoute. Or c'est là précisément le résultat auquel Raoult était parvenu d'une manière purement empirique.

Il semble que ces questions n'aient rien à voir avec l'électrochimie. On aurait tort de le croire : après nous en avoir tenus quelque temps éloignés, elles vont nous y ramener. Van't Hoff et Raoult avaient constaté tous les deux, sans pouvoir se l'expliquer, que si leurs lois se vérifiaient parfaitement dans un très grand nombre de cas, il y avait d'autres cas où elles étaient en défaut. C'était notamment dans les *solutions aqueuses* que cette anomalie se manifestait. Dans la détermination des poids moléculaires par la mesure des densités de vapeur, on avait également constaté des anomalies pour beaucoup de substances; mais, dans la plupart de ces cas anormaux, le poids moléculaire déduit de la densité de vapeur était trop grand vis-à-vis des analogies chimiques ; et l'on avait expliqué d'une façon satisfaisante ces anomalies en disant qu'il s'était formé des combinaisons des substances avec elles-mêmes, ou des polymères, suivant l'expression employée en chimie. Une pareille explication n'était pas possible ici, car les poids moléculaires déduits des mesures, directes ou indirectes, de la pression osmotique n'étaient pas plus grands, mais plus petits que les poids moléculaires normaux.

Les déterminations de densités de vapeur avaient également fourni des exemples de cette dernière anomalie ; par exemple, la densité de vapeur du chlorure d'ammonium n'est que la moitié de celle qui correspond au plus petit poids moléculaire qu'on peut tirer de sa formule par le calcul. Ici encore on avait trouvé une explication satisfaisante, après bien des travaux et des discussions : la vapeur en question ne se compose pas de chlorure d'ammonium, mais d'acide chlorhydrique et d'ammoniaque, produits d'une décomposition spontanée du chlorure d'ammonium, qui a lieu quand on le vaporise.

De pareilles décompositions spontanées avaient été observées souvent et avaient reçu le nom de *dissociations*. Quand un poids moléculaire déduit d'une densité de vapeur était trop petit, on attribuait le fait à une dissociation, et l'on pouvait appuyer cette manière de voir sur de bonnes raisons.

Mais dans le cas dont il s'agit maintenant, l'hypothèse d'une dissociation semblait inadmissible, car quel mode de dissociation pouvait-on admettre, par exemple, dans le cas du chlorure de potassium, pour lequel les abaissements du point de congélation donnaient un poids moléculaire égal à la moitié seulement environ de celui qui se déduit de la formule de ce corps ? Une dissociation en potassium et en chlore ? Pareille dissociation paraissait impossible, car le chlore est un gaz, et le potassium un métal qui ne peut pas exister en présence de l'eau. Ou bien une dissociation en acide chlorhydrique et potasse, grâce à l'action de l'eau ? Mais quand on mélange des solutions d'acide chlorhydrique et de potasse, il se produit un fort développement de chaleur, et le volume change ; en un mot, tout prouve que les deux corps ont réagi l'un sur l'autre. Or, s'ils ne peuvent pas se trouver l'un à côté de l'autre sans réagir immédiatement entre eux, il est impossible qu'ils soient jamais des produits de dissociation. Ne trouvant pas d'explication à ces anomalies, van't Hoff se contenta de multiplier la pression osmotique théorique par un facteur correctif *i*, afin d'obtenir ainsi la pression osmotique véritable.

Pour le chlorure de potassium, par exemple, la valeur du facteur correctif n'était guère inférieure à 2, et pour le sulfate de potassium elle n'était guère inférieure à 3.

Grâce à une idée hardie, Arrhenius dissipa l'obscurité dont cette question était enveloppée. Il remarqua que *toutes les solutions anormales sont des solutions d'électrolytes et conduisent bien le courant.* Or il était précisément à la recherche d'une interprétation utilisable de la notion d'activité dans le cas des électrolytes, interprétation que l'expérience pouvait seule lui fournir. Il se convainquit qu'il y avait une relation très simple entre l'activité et le facteur correctif de van't Hoff. Il constata que l'activité (au moins dans les cas les plus simples) était égale à la différence entre la valeur du facteur *i* et l'unité. L'activité était donc l'analogue d'une dissociation ; la conduction électrique et le fait de s'écarter de la loi des solutions, ou la dissociation, étaient des expressions de la même particularité des électrolytes. Les savants qui avaient fait des recherches sur la conduction électrique avaient compris que les particules, ou ions, devaient posséder une liberté, une mobilité particulière, aussi bien au point de vue électrique qu'au point de vue chimique. Or voilà qu'Arrhenius se trouvait amené à penser qu'il y avait même dissociation, c'est-à-dire séparation et liberté complètes; et il ne lui restait plus qu'à élucider la question de savoir comment il se faisait que les ions, qui étaient indubitablement les produits auxquels la dissociation donnait naissance, pouvaient exister à l'état de liberté. Il découvrit la raison de ce fait : cette raison, c'est que les ions élémentaires ne sont pas du tout identiques aux éléments libres, puisque, d'après la loi de Faraday, ils sont chargés de très grandes quantités d'électricité, tandis que les éléments libres ne portent pas de charges électriques. Les ions élémentaires et les éléments libres sont, ainsi qu'on l'a fait remarquer plus tard, des corps isomères, comme le graphite et le diamant, le phosphore blanc et le phosphore rouge. Deux corps isomères ont des teneurs différentes en énergie; or il en est de même d'un ion et de l'élément libre correspondant, ce qui achève de justifier l'affirmation ci-dessus. Il n'existe pas de composés neutres correspondant aux ions complexes tels que le sulfation, le nitration, etc. Quand le sulfation, par exemple, perd son électricité négative à l'anode, il réagit sur l'eau, pour donner de l'acide sulfurique, et de l'oxygène, qui se dégage.

Le travail dans lequel Arrhenius développe, avec la plus grande tranquillité, cette idée hardie parut dans le premier tome du *Zeitschrift für physikalische Chemie*, fondé depuis peu. Il est heureux qu'il ait rencontré cet asile, car les autres journaux scientifiques auraient difficilement consenti à présenter de pareilles hérésies à leurs lecteurs. La théorie des formules spatiales des composés organiques, que van't Hoff avait publiée en brochure, venait d'être « démolie », dans un périodique très répandu, par un professeur très renommé de Leipzig, qui s'en était moqué grossièrement. Aussi, lorsque plus tard on eut apporté des preuves nombreuses de l'exactitude de cette théorie, il fallut à ce professeur un certain courage pour déclarer publiquement que les faits s'accordaient avec elle. Presque partout on se refusa à accepter les théories d'Arrhenius ou on les contredit expressément. S'il en fut ainsi, c'est que les recherches de Raoult et de van't Hoff sur les lois des solutions n'étaient encore connues que de peu de personnes ; seules ces personnes comprirent le grand progrès réalisé par Arrhenius. Pour les autres, Arrhenius était un jeune homme inconnu, qui avançait des absurdités dans des questions où il n'était pas compétent.

Si je donne ces détails, ce n'est pas pour blâmer qui que ce soit, c'est seulement pour exposer l'état général de la science à cette époque. Par suite de l'essor prodigieusement rapide que venait de prendre l'industrie des couleurs tirées du goudron de houille, et à cause des questions de méthode qui se posaient de toutes parts au sujet de cette industrie, la plupart des chimistes n'attachaient d'intérêt qu'aux recherches de chimie organique, et ne faisaient aucune attention aux problèmes que nous traitons ici. De plus, ces recherches avaient si bien incliné les pensées des chimistes vers le côté qualitatif des phénomènes que la force d'une preuve quantitative, comme celle qui résulte du rapport existant entre la conductibilité électrique et l'abaissement du point de congélation des solutions aqueuses des sels, n'était pas appréciée à sa valeur. La nouvelle doctrine ne pouvait donc pas se répandre d'emblée.

CHAPITRE IX

LES IONISTES

C'est à l'Université de Leipzig que se développa d'abord la chimie physique, grâce aux travaux de ceux qu'on appelait ironiquement les ionistes. Le terrain avait été préparé par la publication du *Traité de chimie générale* (Lehrbuch der allgemeinen Chemie, 1884-1887) de W. Ostwald. Cet ouvrage montrait combien le nouveau domaine scientifique était déjà riche, et comme les recherches qu'on y avait faites se combinaient en un tout harmonieux. Aussitôt après son apparition, l'auteur fut appelé à une chaire de l'Université de Leipzig, et disposa du laboratoire qui en dépendait. Aussi tous les jeunes savants désireux de se consacrer au développement de la chimie physique vinrent-ils se grouper autour de lui.

On voit par là qu'il est relativement facile à une Université de devenir pour quelque temps un centre de recherches portant sur des sujets nouveaux. La première condition pour qu'il en soit ainsi, c'est qu'il s'y trouve un professeur jeune, passionné pour la science qu'il cultive, et capable de communiquer son enthousiasme à ceux qui l'entourent. La seconde condition, c'est qu'elle offre des moyens de travail suffisants. Non pas que ces moyens doivent être considérables. Il en est, en effet, d'un domaine scientifique nouveau comme d'une région aurifère nouvellement découverte : les trésors sont d'abord à la surface ; on n'a qu'à les ramasser ; c'est seulement lorsque la première récolte a été faite que les moyens d'exploitation deviennent coûteux.

Si une science nouvelle a de la peine à se faire jour, c'est parce que les nouveautés qu'elle apporte sont, ou semblent être, en contradiction avec « les choses consacrées par le temps », et que, par suite, les savants influents sont généralement portés à décourager plutôt qu'à encourager les efforts des novateurs. L'intérêt que présentent ces nouveautés les frappe d'autant moins qu'ils sont plus âgés. Si une chaire fut offerte à W. Ostwald, c'est moins à cause de ses travaux de chimie physique que malgré ces travaux ; on ne l'y nomma qu'après avoir vainement tenté de la faire accepter à un chimiste plus âgé et de plus grand mérite.

Quoi qu'il en soit, les recherches se succédèrent rapidement dans le domaine ouvert par van't Hoff et Arrhenius. La découverte la plus importante de van't Hoff, c'est que les lois des gaz régissent aussi les solutions diluées, et que, par suite, les phénomènes dont celles-ci sont le siège sont accessibles au calcul numérique. Dans les travaux de Willard Gibbs, travaux dont il a été question plus haut, la doctrine de l'équilibre chimique, c'est-à-dire la partie capitale de ce qu'on avait l'habitude d'appeler la doctrine de l'affinité chimique, avait été complètement élucidée et exprimée en formules pour le cas des gaz. Par la découverte de van't Hoff, cette doctrine se trouva étendue à toutes les substances en dissolution. Avant Gibbs, A. Horstmann avait établi sur les mêmes bases que lui les lois de l'équilibre chimique pour quelques cas importants; en outre, il avait signalé que, suivant toutes les apparences, les lois régissant les gaz s'appliquent également aux solutions diluées. Ainsi le jardin magique de la doctrine de l'affinité chimique, qui était resté fermé pendant si longtemps, et que Gœthe fait décrire d'une façon si séduisante par le capitaine dans *Les affinités électives* (cette description s'accordait encore avec l'état de la science, deux générations plus tard), ce jardin était ouvert pour tout le monde et n'attendait plus que les visiteurs.

D'autre part, l'idée qu'avait fait prévaloir Arrhenius, et suivant laquelle les solutions aqueuses des sels contiennent principalement des ions libres, permettait de ramener à un point de vue unique les divers phénomènes relatifs aux sels, qui sont les corps que le chimiste a le plus souvent à manipuler. Autant cette idée avait paru absurde au premier abord, autant elle se montra utile pour expliquer les faits et les relier entre eux. La théorie des ions libres a bouleversé certaines habitudes de pensée; on ne peut lui comparer à cet égard que la théorie de l'oxygène. Lorsqu'on abandonna la théorie du phlogistique pour celle de l'oxygène, on dut cesser de regarder les métaux comme des corps composés et les oxydes comme des corps simples, pour adopter des idées opposées; de même, lorsqu'eut prévalu la théorie des ions libres, on dut considérer les composés qui passaient pour les mieux cimentés comme n'ayant aucune cohérence, et les composés dits fragiles, par exemple ceux de la chimie organique, comme étant les plus cohérents.

On parvint bientôt à relier étroitement entre elles l'idée de van't Hoff et celle d'Arrhenius. Nous avons déjà exposé que les corps pour lesquels van't Hoff avait dû admettre un facteur correctif *i* sont précisément ceux pour lesquels Arrhenius avait admis, en raison de leur conductibilité, une décomposition en ions ou *dissociation électrolytique*. Par la comparaison des écarts calculés d'après sa théorie et de ceux qui avaient été mesurés, en particulier par Raoult (p. 188), Arrhenius s'était également assuré que les deux groupes indépendants de nombres (conductibilité électrique et abaissement du point de congélation) présentent une concordance complète. Or on avait déjà trouvé les lois de l'équilibre pour le cas de la dissociation des gaz, c'est-à-dire de leur décomposition spontanée. Si, dans les solutions des électrolytes, il y avait réellement dissociation (Arrhenius), et si les solutions obéissaient aux lois des gaz (van't Hoff), les lois de la dissociation des gaz devaient s'appliquer aussi à la dissociation électrolytique, et l'influence de la dilution sur la conductibilité, influence remarquée par tous ceux qui avaient étudié la question, devait pouvoir être exprimée au moyen de ces lois.

Utilisant des résultats obtenus tant par lui-même que par d'autres, W. Ostwald (1888) établit la justesse de cette argumentation. Des centaines de cas servirent à confirmer cette « loi de dilution », et à prouver la possibilité d'appliquer les lois de la mécanique chimique aux équilibres des ions[1]. Ainsi fut réalisée l'union féconde des deux théories fondamentales de van't Hoff et d'Arrhenius, union qui porte sans cesse de nouveaux fruits.

Le détail des progrès accomplis dans ce domaine nouveau ne peut pas être exposé ici ; mais nous devons indiquer leur caractère général. Jusque là, l'électrochimie consistait en une collection confuse de faits isolés, qui avaient résisté à tous les efforts tentés pour les ramener à un point de vue unique et en faire un tout cohérent. Pour pouvoir travailler efficacement aux progrès de l'électrochimie, il était nécessaire de posséder à la fois la chimie et la physique ; or, depuis une cinquantaine d'années, les voies suivies par la chimie et par la physique avaient divergé de plus en plus, et peu de personnes possédaient ces deux sciences. Hittorf, qui enseignait tant la chimie que la physique à l'Institut de Munster (cet institut n'a été transformé en université qu'à une époque récente), dut, pour faire triom-

1. Lorsque l'électrolyte est très fortement dissocié, il se manifeste des écarts, que l'on a expliqués d'une façon de plus en plus satisfaisante.

pher ses idées, lutter contre les chimistes, et plus encore contre les physiciens. Bien qu'ayant des connaissances peu étendues en chimie, ceux-ci croyaient en effet que leurs avis devaient prévaloir dans cette science. C'était presque exclusivement à des physiciens qu'étaient dues les observations recueillies en électrochimie, cette science étant regardée, à cause de la théorie de Volta, comme une branche de la physique; ils n'avaient pas pu d'ailleurs, faute des bases nécessaires, s'en servir pour édifier une théorie.

D'autre part, en chimie, comme nous l'avons déjà dit, on ne se préoccupait guère, à cette époque, que de la synthèse des couleurs d'aniline, à cause de l'essor prodigieux qu'avait pris l'industrie de ces couleurs. C'est au point que, vers 1880, les autres industries réclamèrent à grands cris des chimistes qui fussent versés dans la chimie inorganique, délaissée depuis quelque temps.

De la sorte, la chimie et la physique se trouvaient dans un état tel qu'elles ne pouvaient pas se prêter mutuellement l'appui nécessaire à leurs progrès. Auparavant les *Annales de Poggendorff* inséraient des travaux de physique et de chimie; maintenant elles n'acceptaient plus que des travaux de physique. Autrefois on pouvait lire de temps à autre, dans les *Annalen der Chemie und Pharmazie* de Liebig, une étude de physique, notamment sur des sujets confinant à la fois à la chimie et à la physique (les premiers tomes contiennent même des revues annuelles des progrès de la physique); or ces Annales étaient devenues si « purement chimiques » qu'elles refusaient les études de physique. Ainsi Robert Mayer lui-même, dont le mémoire de 1842 avait été accueilli par Liebig, n'avait pas réussi à lui faire accepter son second mémoire, les Annales étant surchargées de travaux « purement chimiques », et ne pouvant, par suite, publier de mémoires de physique.

Tel était l'état des choses quand la nouvelle doctrine chimique se fit jour. Grâce aux travaux de Hortsmann, de Willard Gibbs et de Helmholtz, puis à ceux des savants dont il est question ici, la chimie était entrée en possession d'un certain nombre de lois fondamentales, qui, de science qualitative qu'elle avait été jusque-là (malgré la loi des poids de combinaison), faisaient d'elle une science quantitative. L'énergétique chimique (si l'on y comprend la théorie des divers états d'agrégation et de leurs transformations les uns dans les autres) est devenue la branche de beaucoup la plus développée de l'énergétique, qui est la plus élevée de toutes les sciences exactes. L'électrochimie se prêtait, grâce aux progrès réalisés séparément par W. Gibbs et par Helmholtz, à l'application immédiate des nouveaux concepts. La doctrine des ions libres, née du besoin d'expliquer les phénomènes de la conduction électrique, permit également d'interpréter et de relier ensemble les phénomènes relatifs à tous les autres domaines de l'électrochimie.

Les recherches de Walter Nernst (né en 1864,

actuellement professeur de chimie physique à l'Université de Berlin) sur la force électromotrice des piles galvaniques firent réaliser à l'électrochimie des progrès considérables. Gibbs et Helmholtz avaient montré que celle-ci est liée aux travaux devenus disponibles par suite des processus chimiques qui ont lieu dans les piles. Mais la valeur de ces travaux ne pouvait pas être tirée de données plus générales ; il était nécessaire de la déterminer au moyen de quelque autre processus équivalent (par exemple, la vaporisation ou la dilatation), pour pouvoir entreprendre le calcul de la force électromotrice. Or comme, grâce aux théories de van't Hoff et d'Arrhenius, combinées par Ostwald, on connaissait la valeur des travaux qui entrent en jeu lors de la genèse des solutions électrolytiques et des changements qu'elles subissent, on avait là un moyen d'obtenir des expressions générales des forces électromotrices qui prennent naissance dans les appareils électrochimiques.

Pour bien comprendre la question, revenons à la pile Daniell. Le processus chimique qui s'y accomplit consiste, *grosso modo*, dans la transformation du zinc et du sulfate de cuivre en cuivre et en sulfate de zinc ; il est représenté par l'équation chimique :

$$Zn + Cu\,So^4 = Cu + Zn\,So^4$$

Cette équation permet bien de reconnaître ce qui s'est passé dans la pile après que le circuit en a été fermé, mais elle n'apprend pas pourquoi le processus chimique est capable de produire le courant, ni pourquoi il a lieu seulement tant que le courant circule. C'est la théorie des ions libres qui va nous renseigner sur ce point.

D'après cette théorie, la solution de sulfate de cuivre contient les ions Cu_{++} et So^4_{--}, où les signes + et — indiquent l'espèce des charges électriques qui sont liées aux ions. Les ions sont conçus comme des combinaisons des éléments, ou des groupes, ou des radicaux, avec de l'électricité. La justesse de cette conception est d'ailleurs confirmée par les travaux récents qui ont démontré la divisibilité limitée, la nature atomique de l'électricité (voir plus bas) ; car les quantités électriques élémentaires sont identiques pour la grandeur aux quantités d'électricité qui, d'après la loi de Faraday, sont liées aux atomes chimiques. L'équation ci-dessus doit donc être écrite ainsi :

$$Cu_{++} + So^4_{--} + Zn = Zn_{++} + So^4_{--} + Cu,$$

en indiquant séparément les ions libres qui se trouvent à côté les uns des autres. Or l'équation ainsi écrite montre que l'anion So^4_{--}, c'est-à-dire le sulfation, n'éprouve aucun changement au cours du processus chimique. On peut donc le laisser de côté ; on obtient alors l'équation :

$$Cu_{++} + Zn = Zn_{++} + Cu.$$

Ainsi le processus consiste en ceci : l'ion de cuivre cède au zinc métallique non électrisé ses deux charges positives, et le transforme de la sorte en ion de zinc, tandis que, par la perte de ces charges, il passe lui-même à l'état de cuivre métallique. L'anion SO_4^{--} ne prend pas part au processus ; il ne doit être présent que pour que le cation puisse subsister : autrement le liquide manifesterait nécessairement des charges positives énormes.

Si ce qui précède est exact, on doit en conclure aussitôt que la force électromotrice de la pile Daniell n'est qu'une expression de la différence entre l'affinité de la charge électrique pour le cuivre et son affinité pour le zinc, et que, par suite, elle ne dépend aucunement de l'anion. Certains expérimentateurs avaient déjà constaté ce dernier fait, mais ils ne l'avaient pas mis en relief. C'est seulement quand la nouvelle théorie eut formulé sa conclusion que l'on fit des recherches dans la littérature, où l'on trouvà un certain nombre d'observations relatives à ce fait. D'un examen critique de ces observations il ressortit que la loi est générale : la force électromotrice de l'élément Daniell est indépendante de l'anion.

Cet exemple est le type du genre de questions que l'on commença dès lors à traiter. En formulant l'expression exacte de la quantité des travaux qui s'effectuent dans une pile d'une disposition déterminée quelconque, on peut toujours calculer le travail électrique de cette pile ; et, en divisant celui-ci par la quantité d'électricité mise en mouvement (d'après la loi de Faraday) dans le processus considéré, processus que l'on doit rapporter à une quantité déterminée de substances pour pouvoir calculer la valeur du travail, on trouve immédiatement la force électromotrice correspondante. Rappelons-nous la distinction faite par Helmholtz (p. 150) entre l'énergie libre et l'énergie liée, et remarquons que les formules de van't Hoff permettent d'obtenir non l'énergie totale, mais l'énergie libre, c'est-à-dire précisément la grandeur qu'il importe de connaître.

Ces idées avaient été développées par Nernst (dans sa thèse d'agrégation, publiée en 1889, alors que l'auteur était assistant à l'Institut de chimie physique de l'Université de Leipzig) à l'occasion d'un problème plus spécial, celui des piles de liquides ou piles de diffusion. Elles furent utilisées par Ostwald, qui s'appliqua à rattacher aux théories d'Arrhenius et de Nernst tous les faits électrochimiques recueillis au cours d'un siècle de recherches. Ces idées se montrèrent si fécondes que c'est à peine si on pourrait citer un seul de ces faits qui n'ait été, grâce à elles, expliqué plus ou moins complètement.

En particulier, il y a un fait que Nernst expliqua de la façon la plus claire. Ce fait, que Galvani avait vu mais avait négligé, que Volta avait mal interprété et Ritter interprété exactement, c'est la différence qu'il y a entre un métal et un autre sous le rapport de l'activité électromotrice. Quand un métal se trouve dans un liquide aqueux (ou autre), il peut généralement, dans des conditions données, passer à l'état de sel. Cette transformation est facile et rapide pour les métaux non nobles ; elle est difficile, ou même n'a pas lieu, pour les métaux nobles ; d'après la découverte de Ritter, la force électromotrice des métaux est liée à ces différences. Puisque, d'après la théorie d'Arrhenius, quand il se forme un sel chaque atome du métal devient un ion, il prend nécessairement la charge électrique positive qui revient à cet ion. Celle-ci ne peut pas prendre naissance sans qu'il se forme une quantité équivalente d'électricité négative. Les choses se passent de la manière suivante : pour chaque atome de métal qui se rend dans le liquide avec une charge positive, une quantité correspondante d'électricité négative reste dans le métal non dissous, c'est-à-dire que celui-ci se charge négativement en présence du liquide. Mais par là il exerce une attraction sur les ions positifs de l'électrolyte, attraction qui tend à s'opposer à ce qu'il s'en forme de nouveaux. De cette façon, il s'établit rapidement un état d'équilibre, qui empêche la dissolution de se poursuivre.

C'est ainsi que se comportent et le zinc et le cuivre dans l'élément Daniell. Seulement le zinc est un métal peu noble, c'est-à-dire un métal qui se transforme très facilement en son ion, un métal qui peut fournir un grand travail au cours de cette transformation. Le cuivre est un métal plus noble ; le travail qu'il fournit en se transformant en son ion est beaucoup moindre. Par conséquent, dans les mêmes conditions, le zinc prend une charge négative beaucoup plus forte que le cuivre, et, si l'on relie ces deux métaux par un fil, le courant va du cuivre, moins négatif, au zinc, plus négatif. Mais par là la charge négative du zinc diminue, de sorte qu'il peut envoyer de nouveaux ions dans le liquide. Au contraire, la charge négative du cuivre augmente ; aussi s'agrège-t-il les ions de cuivre qui se trouvent dans la solution, en neutralisant leur charge positive, pour rétablir l'état d'équilibre primitif; les ions de cuivre déchargés se précipitent sur la cathode sous forme métallique. Tant que les deux métaux restent reliés ensemble par un fil conducteur, ces processus se répètent ; c'est pourquoi le cuivre doit être entouré d'une solution de sulfate de cuivre, c'est-à-dire d'ions de cuivre ; sans cela, le rétablissement de sa charge ne serait pas possible ; par contre, il importe peu pour le processus qu'il y ait déjà, ou non, des ions de zinc dans le liquide.

Cette force différente avec laquelle les différents métaux tendent à envoyer leurs ions dans la solution a le caractère d'une pression ; elle a été appelée par Nernst *pression électrolytique de dissolution ;* la grandeur de cette pression détermine la place du métal dans la série des tensions. Ainsi les propriétés chimiques et électriques sont rattachées scientifiquement les unes aux autres par le concept de la pression électrolytique de dissolution, et le but vainement poursuivi par Faraday est atteint. Il n'a pu l'être que grâce à la doctrine de l'énergie, qui s'était développée entre temps.

Nernst fit remarquer que la question n'est pas complètement élucidée par ces considérations. Il faut évidemment dépenser moins de travail pour enlever des ions de cuivre à une solution qui en contient en abondance qu'à une autre où il y en a peu. De même, on obtient moins de travail en faisant entrer des ions de zinc dans une solution où il y en a beaucoup qu'en les faisant entrer dans une solution où il y en a peu. Par conséquent la concentration des cations dans les solutions entourant le zinc et le cuivre de l'élément Daniell doit également avoir une influence sur la force électromotrice. La théorie de la pression osmotique de van't Hoff permet de calculer ces travaux : il résulte de ce calcul qu'ils sont de beaucoup inférieurs à ceux qui proviennent de la pression électrolytique de dissolution. Des considérations que nous venons de développer on conclut que la force électromotrice de la pile Daniell augmente quand elle peut effectuer à l'intérieur de plus grands travaux et qu'elle diminue quand ces travaux sont déjà effectués. Le premier de ces cas se présente quand la solution de sulfate de cuivre est concentrée et que la solution de sulfate de zinc est diluée, car alors la séparation du cuivre et la dissolution du zinc sont accompagnées d'une plus grande production de travail. De fait, la force électromotrice de la pile Daniell augmente dans les conditions indiquées, et décroît quand la solution de sulfate de cuivre se dilue ou que la solution de sulfate de zinc se concentre. Comme la dilution de la solution de sulfate de cuivre et la concentration de la solution de sulfate de zinc sont des conséquences nécessaires du passage du courant, cette pile (ainsi que toutes les autres) doit perdre de sa tension du fait de son fonctionnement, ce que montre d'ailleurs l'expérience pour toutes les piles, même pour celles dites constantes ou non polarisables. Seulement ces diminutions de tension sont beaucoup plus faibles dans ces dernières que dans les autres.

Tous les processus électrochimiques possibles peuvent être étudiés de pareille manière. Si les cas plus compliqués ne peuvent pas être complètement soumis au calcul (la raison principale en est que les formules relatives à la pression osmotique s'appliquent seulement aux solutions diluées, et que celles qui sont applicables aux solutions concentrées demandent à être perfectionnées), les considérations que nous venons d'exposer sont suffisantes pour qu'on se rende compte au moins de la direction et de la grandeur approximative des effets auxquels on doit s'attendre. Par conséquent, la science n'aura plus guère de surprises dans ce domaine ; et, de quelques inventions techniques qu'il s'agisse, on peut dès maintenant voir avec une netteté suffisante les conditions et les possibilités.

Car de même que la précipitation réciproque des métaux (processus que les alchimistes regardaient comme une preuve de la possibilité de la transmutation), a été expliquée et calculée électrochimiquement, de même tout autre processus chimique qui s'effectue entre des ions, c'est-à-dire entre des sels, peut être non seulement calculé électrochimiquement, mais encore utilisé pour la construction d'une pile. Prenons pour exemple la réaction bien connue à laquelle donnent lieu les composés chlorés (c'est-à-dire l'ion de chlore) quand on y ajoute une solution d'un sel d'argent : il se produit alors, comme on le sait, un précipité blanc, caséeux, de chlorure d'argent. C'est un processus qui a lieu spontanément, et que, par suite, on peut utiliser pour la production d'un courant électrique. Voici comment nous procéderons.

Nous mettrons les deux solutions réagissantes, c'est-à-dire, par exemple, une solution de nitrate d'argent et une solution de sel marin, dans un même vase, mais nous les séparerons par une solution de leur produit de réaction soluble, c'est-à-dire par une solution de nitrate de sodium, en faisant usage de cloisons poreuses. Alors les solutions extrêmes ne pourront pas entrer en contact, et, par conséquent, ne produiront pas de précipité. Plongeons maintenant dans chacune des solutions réagissantes une électrode d'argent métallique, et relions ces deux électrodes à un galvanomètre : il se produit un courant, dont la tension est de 0,5 volt environ. Si on laisse le circuit fermé pendant quelque temps, on observe ce qui suit. L'électrode qui est restée dans la solution de nitrate d'argent, et qui, d'après la direction du courant, est la cathode, s'est recouverte de cristaux d'argent provenant de la solution de nitrate d'argent. Quant à l'autre électrode, elle s'est recouverte d'une couche blanchâtre de chlorure d'argent. Le chlore provient naturellement du chlorure de sodium. Il reste des nitrations par suite de la séparation de l'argent, et des ions de sodium, par suite de la séparation du chlore, qui s'est ensuite combiné à l'argent de l'anode ; les nitrations et les ions de sodium, pris ensemble, représentent du nitrate de sodium. D'après la loi de Faraday, la quantité d'argent qui s'est précipitée à la cathode est égale à la quantité d'argent qui s'est combinée avec le chlore à l'anode; la quantité totale d'argent est donc restée la même ; elle s'est seulement répartie autrement. Si nous faisons le bilan, nous verrons qu'il a disparu des quantités équivalentes de nitrate d'argent et de chlorure de sodium, et qu'il s'est formé du nitrate de sodium (entre les deux électrodes) et du chlorure d'argent (à l'anode). Or, c'est précisément ce qui a lieu quand les deux solutions réagissantes sont en contact. Nous avons seulement fait dépendre la possibilité de la réaction de la production du courant, et nous avons obtenu ainsi une pile.

Toute réaction entre des ions peut se traduire de pareille manière en force électromotrice; aussi peut-on, pour toute réaction semblable, en intervertissant le calcul indiqué page 151, calculer l'énergie libre au moyen de la force électromotrice mesurée. On voit combien l'électrochimie est devenue précieuse pour la chimie théorique, puisqu'elle rend facilement mesurable une des grandeurs les plus importantes de la chimie exacte. On a déjà beaucoup fait usage de ce procédé, et on lui doit la solution de problèmes ardus.

Ces quelques indications ne permettent guère de se représenter combien de phénomènes semblables on peut élucider en se mettant aux points de vue qui viennent d'être exposés. Le fonctionnement de toutes les piles, piles à gaz et piles de concentration, piles fondées sur l'emploi d'agents d'oxydation ou d'agents de réduction, piles dont le principe repose sur la pression ou sur la pesanteur, etc., a été expliqué au moyen de considérations de ce genre, et l'on peut, dans une large mesure, déterminer leurs effets d'avance. En d'autres termes, nous avons affaire à une partie des sciences physiques qui est déjà devenue déductive ; c'est-à-dire que nous possédons ici des principes généraux par l'application desquels nous pouvons résoudre les cas particuliers les plus nombreux. De sorte qu'il ne s'agit plus d'expliquer des faits découverts par hasard, c'est-à-dire de les rattacher à d'autres faits plus connus ; il s'agit de rechercher, en utilisant pour cela la théorie des combinaisons, tous les cas particuliers encore inconnus auxquels ces principes généraux peuvent être appliqués, de faire pour chacun de ces cas les calculs qu'il comporte, et de l'étudier ensuite expérimentalement. L'expérimentation sert ici à mettre à l'épreuve la justesse de la déduction. S'il y a concordance entre le phénomène observé et le phénomène calculé d'avance, on est sûr d'avoir bien mis dans l'équation les facteurs voulus. S'il se manifeste un désaccord qui n'est pas dû à une erreur de calcul, c'est que, en mettant en équation, on a négligé un terme essentiel ; on peut alors, par un examen critique du cas, découvrir la nature de ce terme et la place qui doit lui être assignée.

Le domaine que nous venons de considérer n'est pas le seul, il s'en faut, qui ait largement profité de l'application des nouvelles théories. D'autres domaines, non moins vastes ni moins importants, en ont également tiré grand profit. Considérons le problème inverse de celui qui vient d'être traité. Il s'agissait jusqu'à présent de courants électriques engendrés par des processus chimiques ; nous allons nous occuper maintenant de processus chimiques déterminés par le courant électrique. En d'autres termes, nous allons entrer de nouveau dans le domaine de l'*électrolyse*.

Observons d'abord que, envisagé à la lumière de la théorie des ions libres, le fait que les produits de l'électrolyse apparaissent séparément aux deux électrodes est des plus faciles à expliquer. Entre l'oxygène et l'hydrogène qui, dans l'électrolyse de l'eau, se dégagent à une grande distance l'un de l'autre, il n'y a pas eu d'autre relation que celle qu'exige le maintien de la neutralité électrique. Car comme, dans tout électrolyte, les ions sont au moins partiellement libres, ils peuvent se décharger en même temps aux électrodes, et s'y transformer dans les corps neutres correspondants, sans qu'il y ait entre eux d'autres relations que celle qui est donnée par la loi de Faraday, d'après laquelle il doit se séparer aux deux électrodes des quantités équivalentes, pour qu'il ne se forme pas de charges électriques libres. Mettons en contact une solution d'acide iodhydrique et une solution d'acide chlorhydrique. Si nous faisons passer un courant à travers ces deux solutions et que l'anode se trouve dans l'acide iodhydrique, il se dégagera à la cathode de l'hydrogène provenant de l'acide chlorhydrique, et il se précipitera à l'anode de l'iode provenant de l'acide iodhydrique. En d'autres termes, à chaque électrode apparaît le produit de décharge de l'ion qui se trouve à cette électrode, quoi qu'il se passe à l'autre électrode. Ce fait, qui avait déjà été établi par Humphry Davy, aurait pu suffire pour faire concevoir la théorie des ions libres, si l'époque eût été mûre pour cette conception. Wilhelm Hittorf l'utilisa sous les formes les plus variées pour des expériences de transport, et il ne manqua pas de signaler qu'il était en contradiction avec la doctrine régnante. Mais seule la théorie des ions libres a permis de l'expliquer clairement.

Le cas le plus simple auquel on puisse s'adresser pour faire comprendre l'électrolyse est celui de l'élément Daniell inverti. Lorsqu'on fait passer un courant à travers une pile Daniell dans le sens inverse de celui du courant naturel, les processus chimiques s'invertissent naturellement aussi. Au lieu que le zinc passe de l'état métallique à l'état d'ion, et le cuivre de l'état d'ion à l'état métallique, le cuivre est forcé par le courant de sens inverse à se transformer en son ion, et l'ion de zinc à abandonner sa charge électrique et à former du zinc métallique. Ces deux transformations peuvent être poursuivies tant qu'il y a du cuivre métallique et des ions de zinc, de même que le courant spontané ou naturel dure tant qu'il y a des ions de cuivre et du zinc métallique. Mais pour réaliser le processus de sens inverse à celui du processus naturel, à l'encontre de l'action de l'énergie chimique libre de la pile, il faut dépenser une certaine quantité de travail, sous forme d'une tension extérieure déterminant un courant.

Pour invertir, dans la pile Daniell, le courant, et par suite le processus chimique, il faut employer une force électromotrice extérieure plus grande que la force électromotrice de cette pile. Plus l'excès de la première sur la seconde est grand, plus le processus a lieu rapidement; quand la force électromotrice extérieure est égale à celle de la pile, il y a équilibre.

On voit donc que l'électrolyse, sous sa forme la plus simple, peut être conçue comme une *inversion d'une pile.* Tandis que dans une pile l'énergie chimique libre se transforme en énergie électrique, dans l'électrolyse il faut, au contraire, dépenser de l'énergie électrique, qui se transforme en énergie chimique libre; c'est-à-dire qu'il se forme des substances qui, en se combinant, pourraient de nouveau fournir du travail, et que, par conséquent, on ne peut tirer des matières primitives qu'en dépensant du travail.

L'électrolyse est fort employée pour la préparation d'un certain nombre de corps, et nous avons vu que, dès les premiers temps qui suivirent sa découverte, on effectua, grâce à elle, des préparations (il s'agit ici des métaux alcalins isolés par Davy) qui n'auraient pu être faites par les moyens chimiques dont on disposait alors. Bientôt après, il est vrai, on parvint à obtenir du potassium et du sodium par voie chimique, et la préparation de ces métaux par l'électricité resta une expérience de cours tant qu'on n'eut pas l'énergie chimique à bon marché ; aujourd'hui c'est au moyen de l'électricité qu'on les obtient dans l'industrie.

La conclusion la plus évidente à laquelle conduise la théorie des ions libres appliquée à l'électrolyse est que les processus qui s'accomplissent aux deux électrodes sont chimiquement indépendants l'un de l'autre. De même que toute réaction qui forme des cations (ou qui consomme des anions) peut être combinée avec toute autre réaction qui forme des anions (ou qui consomme des cations), le tout constituant une pile active dont la force électromotrice est la somme (ou la différence) des tensions existant aux électrodes, de même toute électrolyse cathodique peut être combinée avec toute électrolyse anodique, et ici aussi la force électromotrice à vaincre sera représentée par la somme des tensions existant aux électrodes. Pour atteindre le but, il faut rapprocher l'une de l'autre les deux électrodes avec les liquides qui les entourent, et mettre ces liquides en contact immédiat. Car à leur surface de contact il ne se développe que des forces électromotrices minimes.

L'effet chimique d'une *cathode* consiste en une *réduction*, et celui d'une *anode* en une *oxydation*. Les termes de réduction et d'oxydation sont pris ici dans un sens général : une oxydation ne sera pas seulement une combinaison avec l'oxygène, mais aussi avec un halogène, et, d'une façon générale, avec des corps et des groupes de corps pouvant former des anions ; de même, une réduction ne sera pas seulement une soustraction d'oxygène, mais encore la soustraction d'un halogène, ou, d'une façon générale, de n'importe quel anion, ou enfin une combinaison avec l'hydrogène. On s'est déjà habitué, dans la chimie générale, à employer ces deux termes dans ce sens général. Quand on va au fond des phénomènes électrochimiques, on voit que ces termes peuvent être définis de la manière suivante : une oxydation est une addition d'électricité négative ou une soustraction d'électricité positive ; une réduction est une addition d'électricité positive ou une soustraction d'électricité négative. En conséquence, l'ion de zinc est un produit d'oxydation du zinc, l'ion d'iode, un produit de réduction de l'iode. De fait, on transforme le zinc métallique en ion de zinc au moyen d'agents d'oxydation, l'iode élémentaire en ion d'iode au moyen d'agents de réduction, et inversement on retransforme ces ions en éléments libres au moyen d'agents de réduction ou d'oxydation respectivement.

On voit par cet exemple combien la théorie des ions libres pénètre profondément dans les conceptions « purement chimiques » ; nous reviendrons sur ce point plus tard à propos d'autres questions. Comme toutes les bonnes théories, celle-ci permet de grouper les faits et conduit à des généralisations. Ce double avantage qu'elle présente nous apparaît nettement dans le cas des phénomènes de l'électrolyse. Car par le fait que les processus qui s'accomplissent aux deux électrodes ont été reconnus, grâce à cette théorie, être absolument indépendants l'un de l'autre, être simplement liés numériquement entre eux par la loi d'équivalence de Faraday, n'être pas liés qualitativement, l'étude parfois très compliquée des phénomènes de l'électrolyse s'est trouvée simplifiée d'une façon considérable.

Décrivons à grands traits les phénomènes de l'électrolyse. Voici en quoi consiste, à chaque électrode, le processus *primaire* : les ions de l'électrolyte modifient leurs charges (ils les perdent, les diminuent ou les augmentent), ou bien la substance des électrodes prend la forme d'ions. Le premier de ces phénomènes a lieu quand les électrodes sont chimiquement inattaquables, le second quand elles sont attaquables. Un exemple du premier cas est fourni par la transformation d'ions d'iode en iode libre à une anode de platine, un exemple du second par la dissolution du cuivre de l'anode dans la galvanoplastie ou dans le raffinage électrolytique du cuivre. Dans ces opérations, des sulfations So_4^{--} sont conduits jusqu'au cuivre ; toutefois ils ne s'y déchargent pas, mais déterminent la transformation du cuivre métallique en ions de cuivre Cu_{++}, avec lesquels ils forment du sulfate de cuivre.

En outre, il faut distinguer, tant au point de vue pratique qu'au point de vue théorique, le cas où le produit du processus électrochimique reste dissous dans l'électrolyte du cas où il se sépare sous forme solide ou gazeuse. Dans le second cas, il est facile de recueillir le produit de l'électrolyse. Par exemple, on recueille facilement l'oxygène et l'hydrogène qui prennent naissance dans l'électrolyse de tant de sels, car, en vertu de la différence de densité existant entre ces gaz et le liquide électrolytique, ils s'en séparent spontanément. On n'a pas plus de peine à recueillir le cuivre métallique provenant de l'électrolyse d'une solution d'un sel de cuivre entre deux électrodes de cuivre, car ce cuivre métallique se précipite sur la cathode, où il forme une plaque, tandis qu'une quantité égale du métal de l'anode se dissout. Comme le cuivre précipité est de la plus grande pureté, même quand l'anode est faite de cuivre très impur, on a là un procédé précieux pour la purification du cuivre.

Les difficultés sont bien plus grandes quand il s'agit de processus ayant lieu dans le liquide de l'électrode. On désigne de pareils processus sous le nom de processus *secondaires*, et on appelle processus primaires les simples décharges des ions ou les modifications de leur composition chimique. Les processus secondaires sont de la plus grande diversité ; en général il s'effectue des processus secondaires quand les produits de décharge des ions ne peuvent pas subsister sans que leur composition chimique éprouve un changement, ou quand la substance des ions déchargés trouve dans le liquide un corps avec lequel elle réagit chimiquement. Nous avons vu des exemples de pareils cas dans le sulfation, qui n'existe pas déchargé, et dans l'ion de potassium, dont le produit de décharge, le métal potassium, décompose l'eau, et, par suite, ne peut pas subsister en sa présence. Dans les deux cas, le produit formé (acide sulfurique d'une part, hydroxyde de potassium d'autre part) reste dissous dans le liquide de l'électrode, et s'y mélange à la partie non décomposée de l'électrolyte.

A côté de ces cas relativement simples, il y en a de fort compliqués. Leur complication réside dans le fait qu'il se forme des *produits intermédiaires* entre l'ion qui vient de se décharger et les produits finals de sa réaction avec le dissolvant ; ces produits intermédiaires, qui contiennent de plus grandes quantités d'énergie libre, ne subsistent que fort peu de temps, et sont par suite difficiles à déceler. Ils se trahissent par le fait que les corps qui se séparent aux électrodes donnent lieu à des réactions autres, et en particulier à des réactions plus fortes, que quand ils sont dans leur état ordinaire. Ainsi l'acide chlorhydrique dilué dégage à l'anode de l'oxygène, au lieu de chlore, produit de la réaction primaire ; ce chlore a donc le pouvoir de décomposer l'eau, ce que le chlore ordinaire ne peut faire qu'à l'aide de la lumière. De même, l'oxygène qui se dégage du sulfation, et d'autres ions oxygénés semblables, attaque des corps qui sont à l'épreuve de l'oxygène libre, c'est-à-dire qu'il a un potentiel d'oxydation plus élevé que celui-ci. Dans le cas de l'oxygène, on peut même se convaincre par l'analyse qu'il se forme d'abord des produits possédant plus d'énergie chimique que le produit final ordinaire ; car lorsqu'on effectue l'électrolyse dans des conditions appropriées, notamment à une température très basse, au lieu d'oxygène ordinaire il se forme de l'ozone, dont on sait que, en vertu de son potentiel élevé, il a une action oxydante beaucoup plus forte que l'oxygène ordinaire.

Tous ces phénomènes sont des cas particuliers d'une loi générale d'après laquelle, quand un système abandonne un état quelconque où son énergie libre est élevée, il n'arrive pas d'un seul coup à l'état durable où son énergie libre est la plus petite possible dans les conditions présentes, mais passe par tous les états intermédiaires qui existent entre ces deux limites extrêmes. Ces états intermédiaires durent souvent si peu de temps qu'on ne peut pas les observer ; mais si l'on réalise des conditions dans lesquelles l'un d'entre eux est plus durable (nous venons de voir qu'une température basse rend l'ozone plus stable), ou peut donner lieu à un processus chimique, on parvient à constater leur existence.

Il y a, pour reconnaître de pareils états, un procédé général reposant sur le fait qu'ils se modifient spontanément sans manifester d'action électromotrice. Alors que pour l'inversion d'une électrolyse simple ou normale, c'est-à-dire d'une électrolyse qui, pratiquement, ne donne pas lieu à de pareils états intermédiaires, il suffit d'un excès minime de la force électromotrice antagoniste, dans les autres électrolyses il faut une force décomposante notablement plus grande que celle qu'on peut obtenir sous forme de pile au moyen de la réaction. Un exemple du premier cas nous est fourni par la pile Daniell : un excès aussi petit que l'on voudra de la force électromotrice extérieure permet d'y faire passer un courant qui dissout du cuivre et précipite du zinc. L'électrolyse de l'acide sulfurique dilué entre des électrodes de platine, électrolyse où il se dégage de l'oxygène et de l'hydrogène, rentre, par contre, dans le second cas. Car la force électromotrice que développe une pile à électrodes de platine, composée d'oxygène, d'hydrogène et d'acide sulfurique dilué, pile où il se forme de l'eau aux dépens de ces gaz, est plus petite que celle qu'exige l'électrolyse de l'acide sulfurique dilué; la raison en est que, dans cette électrolyse, il se forme d'abord, particulièrement à l'électrode où se dégage l'oxygène, des produits d'un potentiel élevé.

Les difficultés de ce genre, en forçant à pénétrer dans le détail des phénomènes, permettent d'en mieux comprendre l' « essence ».

Signalons enfin un autre progrès dû à la théorie des ions : *cette théorie a rendu rationnelle la chimie analytique*. Autrefois, et surtout du temps où régnait l'ancienne théorie des sels, la chimie analytique n'était guère qu'une collection de recettes, fruits de tâtonnements nombreux; ces recettes contenaient souvent des choses sans importance à côté de choses essentielles; elles ne pouvaient être retenues qu'au prix de grands efforts de mémoire, parce qu'elles n'étaient pas réunies par un lien rationnel et ne résultaient pas de principes simples et généraux. Grâce à la doctrine des ions libres, on a pu faire la théorie des méthodes d'analyse déjà connues et établir les bases générales de méthodes nouvelles. La transformation de la chimie analytique date de la publication, en 1894, d'un petit livre de Wilhelm Ostwald (Die wissenschaftlichen Grundlagen der analytischen Chemie), livre où l'auteur montrait combien de lumière la nouvelle doctrine jetait sur cet art ancien.

Pour bien voir quels progrès la théorie des ions a pu déterminer dans la chimie analytique, on n'a qu'à songer que celle-ci opère principalement sur des solutions aqueuses, solutions dans lesquelles les corps soumis à l'analyse se trouvent à l'état d'ions. Ainsi les réactions connues de l'analyse sont, presque sans exception, des réactions qui ont lieu entre des ions ; elles ne peuvent s'expliquer que du point de vue de la théorie des ions. Par exemple, le nitrate d'argent est un réactif du chlorure de sodium : quand des solutions de ces deux substances sont mises en présence l'une de l'autre, il se forme un précipité blanc, caséeux, de chlorure d'argent. L'analyste sait qu'il obtient ce précipité avec d'autres chlorures encore, mais non pas avec tous les composés chlorés ; le chlorate de potassium, par exemple, ne le donne pas, et l'on reconnait précisément à la formation de ce précipité blanc qu'un chlorate est souillé de chlorure. L'analyste sait aussi que d'autres sels d'argent, tels que le sulfate ou l'acétate, forment le même précipité, mais qu'il est certains autres sels d'argent, comme, par exemple, le cyanure de potassium et d'argent, avec lesquels on ne l'obtient pas. Autrefois il fallait apprendre tous ces détails par cœur.

Aujourd'hui on sait qu'il s'agit d'une *réaction*

entre l'ion de chlore et l'ion d'argent. Elle a lieu sans exception chaque fois que ces deux ions se rencontrent dans une solution, et elle n'a jamais lieu quand le chlore ou l'argent (ou bien le chlore et l'argent) s'y trouve sous une autre forme que celle d'ion élémentaire. Le chlore est contenu dans le chlorate de potassium comme composant du chloration ClO_-^3, et l'argent est contenu dans le cyanure de potassium et d'argent comme composant de l'ion de cyanure d'argent ; voilà pourquoi on n'obtient de précipité de chlorure d'argent avec aucun de ces deux sels.

De même, on savait que le chlorure d'argent est pratiquement insoluble dans la plupart des réactifs (il est un peu soluble dans l'eau ; sa solubilité dans ce liquide peut être déterminée exactement), mais qu'il se dissout dans l'ammoniaque, dans le cyanure de potassium, dans le thiosulfate de sodium et dans quelques autres corps encore. La théorie des ions a permis d'expliquer ces faits. Ces corps forment avec l'argent des composés (appelés composés complexes) qui ne contiennent pas d'ions d'argent, mais où cet élément forme un composant d'un ion plus compliqué, d'un ion complexe. Pour que le chlorure d'argent solide se trouve en équilibre avec le liquide aqueux qui est au-dessus de lui, il faut qu'il y ait dans la solution une certaine concentration, très petite, d'ions d'argent et d'ions de chlore. Or, quand les ions d'argent sont enlevés par un des corps ci-dessus énumérés, pour former avec lui un composé complexe, il faut qu'il se dissolve une nouvelle quantité de chlorure d'argent ; ce chlorure d'argent se décompose à son tour en ses deux ions. Les ions d'argent de cette quantité nouvellement dissoute de chlorure d'argent forment, eux aussi, des composés complexes avec les corps en question ; de la sorte, le processus se poursuit jusqu'à ce que tout le chlorure d'argent soit dissous ou que le réactif susceptible de le dissoudre soit consommé.

Ces indications sur quelques cas particulièrement simples donnent bien une idée du pouvoir qu'a la doctrine des ions libres de relier entre eux les faits de la chimie analytique et de la rendre rationnelle ; mais ils ne peuvent montrer comme cette doctrine éclaire tous les coins de cette branche de la chimie, et comme elle fournit immédiatement la solution des problèmes les plus divers, ou montre au moins par quelles expériences on peut obtenir les données nécessaires à leur solution. Ainsi, comme on le sait, le dosage de l'acide sulfurique (c'est-à-dire du sulfation) en présence de ferrisels présentait autrefois des difficultés, parce que le précipité « entraînait » une certaine quantité d'oxyde de fer, dont on ne pouvait se débarrasser, ce qui nuisait à l'exactitude du dosage. Lorsqu'on appliqua à ce cas la doctrine des ions (Küster, 1900), on trouva immédiatement trois méthodes pour faire disparaître cet inconvénient. Cet exemple montre une fois de plus qu'une bonne théorie est la meilleure pratique.

De pareils exemples des services que la doctrine des ions libres peut rendre dans tous les domaines de la chimie convainquirent bientôt nes confrères, qui, au commencement, lui étaient hostiles, qu'elle ne consiste pas en simples jeux d'imagination, mais permet d'obtenir des résultats pratiques très importants. Actuellement cette doctrine n'est plus la doctrine locale des ionistes de Leipzig ; elle a déjà été adoptée de tous côtés dans l'enseignement de la chimie élémentaire, dont elle rend l'étude plus intéressante, plus facile et plus féconde.

CHAPITRE X

L'INDUSTRIE ÉLECTROCHIMIQUE MODERNE

Nous avons déjà fait remarquer que la technique électrochimique fondée sur l'électrolyse n'a pu se développer que lorsque, mettant à profit les phénomènes d'induction électromagnétique découverts par Faraday, on fut arrivé à produire, par voie mécanique, de l'énergie électrique à bon marché. La découverte, par Werner Siemens en Allemagne et par Wilde en Angleterre, du principe de la machine dynamo-électrique, dans laquelle l'énergie mécanique est convertie immédiatement en énergie électrique, n'était pas suffisante par elle-même pour permettre le développement de l'industrie électrochimique : il fallut perfectionner la machine primitive avant qu'elle travaillât économiquement. L'anneau, inventé par le Français Gramme et par l'Italien Pacinotti, est un exemple des perfectionnements qu'on y apporta.

L'évolution d'une machine rappelle très exactement celle des espèces chez les êtres vivants. Sous sa première forme, elle présente des organes inutiles, empruntés à d'autres machines. C'est seulement après qu'on s'est convaincu que « la chose marche » que commence une adaptation plus étroite de la machine au but poursuivi.

Pour réaliser cette adaptation, il faut d'abord supprimer les organes inutiles empruntés à d'autres machines. Or il est parfois plus difficile qu'on ne pourrait le croire de se rendre compte de l'inutilité d'un organe qu'on est habitué à rencontrer toujours : il y faut de l'indépendance de pensée. Bien entendu, lorsqu'on supprime un organe inutile, ce n'est pas sans soulever de vives protestations.

Ensuite il faut *séparer les fonctions et les rendre indépendantes*. Tandis que, par exemple, dans l'ancienne « boule à vapeur » rotative de Héron, qui est la première machine à vapeur que nous connaissions, les fonctions de la chaudière et du moteur étaient accomplies par le même organe, sa descendante, la turbine à vapeur, est composée d'une chaudière et d'un moteur distincts et très perfectionnés. L'évolution de la machine à vapeur à piston a abouti à des dispositions encore plus complexes : cette machine comporte aujourd'hui des organes spéciaux pour la condensation, la distribution et la surchauffe de la vapeur. Il en est de même de l'évolution des organismes vivants : s'ils se perfectionnent, c'est surtout parce qu'il s'y opère une division des fonctions et que leurs organes deviennent indépendants.

L'évolution des appareils mécaniques et celle des êtres vivants sont toutes deux régies par les principes de l'énergétique. Les processus qui s'accomplissent dans les uns et dans les autres consistent en transformations d'espèces déterminées d'énergie en d'autres espèces également déterminées. Il n'est jamais possible de convertir intégralement une énergie donnée en une autre de la forme désirée; une partie de l'énergie primitive se convertit toujours en des formes sans valeur, particulièrement en chaleur, qui se dissipe. Le second principe de l'énergétique permet de trouver la valeur théorique maximum du *coefficient d'exploitation*, c'est-à-dire du rapport de la quantité d'énergie de la forme désirée à la quantité d'énergie primitive mise en jeu. En appliquant ce principe, on constate que tout processus qui, envisagé du point de vue du coefficient d'exploitation, est idéal, a la fâcheuse propriété de ne s'accomplir qu'avec une vitesse infiniment petite. Si l'on veut accélérer un pareil processus, on est obligé de sacrifier une plus grande quantité d'énergie brute : il y a un *point optimum*, où l'avantage provenant de l'accélération du processus est compensé par l'augmentation de dépense en énergie brute.

Pour bien comprendre cette question, il suffit de songer que le mouvement d'un corps pesant quelconque sur une nappe d'eau, par exemple sur la surface de l'océan, n'exigerait théoriquement aucun travail. Mais, dans la pratique, il en exige, et, si l'on dépense du travail pour l'entretenir, il sera d'autant plus rapide que la quantité de travail dépensée sera plus grande. Dans le cas d'un transatlantique ou d'un train éclair, on dépense un travail énorme pour augmenter la vitesse.

Il importe, bien entendu, de produire l'énergie désirée à aussi bon marché que possible. La question est très compliquée, car les économies doivent porter non seulement sur l'énergie brute qui est l'objet de la transformation, mais encore sur d'innombrables formes intermédiaires d'énergie qui sont en jeu dans les machines, les appareils, les matières servant à réaliser cette transformation, et sur les forces humaines qu'on emploie dans ce but. Toutes ces énergies ont une valeur déterminée, variable avec le temps, et le problème consiste à conduire les opérations de telle manière que la dépense totale pour l'unité d'énergie désirée soit aussi petite que possible.

Évidemment un pareil problème ne comporte pas de solution générale, mais seulement des solutions particulières, qui varient avec les valeurs relatives des énergies en jeu. Telle énergie peut d'ailleurs être d'un prix trop élevé pour que le problème soit soluble. Ainsi, tant que le prix de l'énergie électrique resta élevé, les industries électrochimiques demandant de grandes quantités de cette énergie ne purent pas se développer.

A première vue, il semble qu'il doive être peu avantageux pour l'industrie chimique de faire usage de l'énergie électrique, puisqu'on obtient cette énergie par une transformation d'énergie mécanique résultant elle-même d'une transformation de l'énergie chimique du charbon de terre et que chacune de ces transformations comporte des pertes. Nous allons examiner cette question.

Pour effectuer une opération donnée, il faut théoriquement une quantité bien déterminée d'énergie. Supposons qu'il s'agisse de la décomposition du sel marin en soude et acide chlorhydrique, décomposition qui constitue l'une des opérations les plus importantes de la chimie industrielle. En mesurant la force électromotrice d'une pile acide-alcali, on peut facilement déterminer la quantité d'énergie libre développée par la combinaison de l'acide avec l'alcali, et par conséquent aussi la quantité d'énergie qu'il faut dépenser pour les séparer. De quelque façon qu'on opère cette séparation, la dépense d'énergie sera théoriquement la même, car, que l'on emploie tel ou tel procédé pour faire passer un corps d'un état à un autre, la différence des énergies libres correspondant à ces deux états est la même : elle est déterminée exclusivement par ces états.

Si l'on calcule la quantité d'énergie théoriquement nécessaire pour décomposer le sel marin en soude et en acide chlorhydrique, et que l'on compare cette quantité à celle qu'on dépense en réalité quand on effectue cette décomposition au moyen d'un procédé technique tel que le procédé Leblanc ou le procédé Solvay, on fait une constatation inattendue.

On constate que la dépense réelle d'énergie est hors de proportion avec la dépense théorique. Neuf dixièmes au moins de l'énergie consommée sont absorbés par des processus, tels que des déperditions de chaleur, etc., qui ne servent pas à atteindre le but poursuivi. La dépense théorique d'énergie est donc, aujourd'hui encore, une fraction minime de la dépense effective, ce qui tient à ce que l'opération réelle est loin d'avoir atteint la perfection de l'opération théorique.

Voyons ce qui en est quand on emploie, dans l'industrie électrochimique, l'énergie électrique. La conversion de l'énergie chimique de la houille en énergie mécanique entraîne une perte de $\frac{2}{3}$ au moins ; celle de l'énergie mécanique en énergie électrique, une perte de $\frac{1}{10}$ seulement. L'énergie électrique ainsi produite est ensuite convertie en énergie chimique de la forme désirée par l'électrolyse d'une solution de sel marin. Admettons que cette opération fournisse une quantité de cette dernière énergie qui soit la moitié seulement de la quantité théorique. Le rendement sera de $\frac{1}{3} \times \frac{9}{10} \times \frac{1}{2}$, c'est-à-dire de plus de $\frac{1}{7}$; ce rendement est notablement supérieur à celui que donnent les procédés examinés précédemment, qui n'est que de $\frac{1}{10}$, comme on l'a vu.

En introduisant dans la grande industrie chimique, comme on l'a fait pendant les dernières décades, des procédés électrochimiques, on n'a presque jamais cherché à y réaliser des progrès scientifiques fondamentaux : on s'est presque toujours proposé pour but unique de limiter les pertes d'énergie qui s'y produisent. Des questions tout à fait secondaires au point de vue de la science pure peuvent être vitales quand il s'agit de la fabrication industrielle d'un produit chimique. En effet, le rendement, comme nous l'avons vu, est représenté par le *produit d'un certain nombre de fractions*, dont chacune exprime le coefficient d'exploitation relatif à l'une des transformations d'énergie nécessaires. Or, si l'un des facteurs est très petit, s'il est égal à un centième, par exemple, le procédé est sans valeur pratique, quelque voisins de l'unité que puissent être les autres facteurs. Un procédé n'est donc suffisamment perfectionné que *lorsqu'aucun de ces facteurs n'a plus une valeur anormalement basse*. En contrôlant séparément la valeur de chacun d'eux, on reconnaît quelle est l'opération qui demande à être perfectionnée; c'est naturellement celle à laquelle correspond le plus petit facteur. Supposons que ce facteur soit égal à un centième, ou, en d'autres termes, que le coefficient d'exploitation qu'il représente soit de 1 p. 100. Si l'on parvient à élever la valeur de ce coefficient d'exploitation jusqu'à 2 p. 100, on doublera le rendement, et il pourra y avoir avantage à employer le procédé considéré; par contre, une augmentation de 1 p. 100 là où le coefficient d'exploitation est déjà de 50 p. 100 ne déterminera pour le rendement qu'un accroissement insignifiant.

Revenons à la décomposition du sel marin, qui est l'une des transformations les plus intéressantes au point de vue qui nous occupe, et aussi l'une des plus importantes de la chimie industrielle, car celle-ci a besoin de quantités énormes de soude et de chlore. Autrefois on avait recours, pour effectuer cette décomposition, à des opérations purement chimiques : avec du soufre, on fabriquait de l'acide sulfurique; en traitant le sel marin par cet acide, on obtenait de l'acide chlorhydrique, qui, chauffé avec du peroxyde de manganèse, donnait du chlore. Le sulfate de sodium provenant du traitement du sel marin par l'acide sulfurique était calciné avec du charbon et de la craie; on obtenait ainsi du sulfure de calcium et du carbonate de sodium; chauffé avec de la chaux, ce dernier sel se transformait en soude. C'était un procédé fort compliqué; mais il avait été si bien perfectionné par une pratique industrielle de près de cent ans que des procédés plus simples, qui furent expérimentés à différentes reprises, ne se montrèrent pas supérieurs à lui au point de vue économique. Pourtant l'un d'entre eux, le procédé à l'ammoniaque, imaginé et appliqué par Solvay, donna de si bons résultats qu'il supplanta le procédé Leblanc. Mais la méthode électrolytique, qui s'est développée principalement en Allemagne, est encore plus directe, car elle permet d'obtenir immédiatement de la soude, de l'hydrogène et du chlore; les deux premiers de ces corps apparaissent à la cathode, le dernier à l'anode. Toutefois la mise en œuvre de cette méthode si simple présentait de telles difficultés qu'il fallut un certain nombre d'années pour en triompher.

Une première difficulté consistait à trouver, pour servir d'électrodes, des substances convenables. Pour la cathode, on arrêta bientôt son choix sur le fer, qui résiste d'une façon tout à fait suffisante à la soude et à l'hydrogène. Comme anode, les physiciens prennent une lame de platine. Ne pouvant faire de même dans l'industrie, à cause du prix élevé de ce métal, on fabriqua des anodes en charbon suivant le procédé indiqué par Bunsen ; là où le charbon ne se montra pas assez résistant, il fut remplacé par des oxydes métalliques conducteurs.

Une seconde difficulté provenait de ce que les produits de l'électrolyse se mêlaient à l'électrolyte et modifiaient ainsi le processus. La technique scientifique offrait depuis longtemps un moyen d'empêcher ce mélange : c'était d'interposer une cloison poreuse entre les deux électrodes. Mais, alors que le savant est satisfait quand la cloison dure pendant quelques heures ou quelques jours, il faut, pour l'industriel, qu'elle dure au moins pendant des mois. On construisit d'abord de pareilles cloisons ; ensuite, on les rendit inutiles en disposant les électrodes l'une au-dessus de l'autre, de sorte que la solution anodique, dont la densité va en diminuant, se maintenait au-dessus du liquide cathodique, dont la densité va en augmentant; et ainsi, grâce à un lent déplacement de la totalité du liquide, on prévint les conséquences fâcheuses du cheminement des ions. Dans une troisième méthode, on utilisa le fait, déjà constaté par Berzelius et Davy, qu'une cathode de mercure s'agrège le sodium métallique. L'amalgame résultant peut être décomposé par l'eau : il se forme de l'hydrogène et de l'hydroxyde de sodium, et le mercure est régénéré.

On fabrique aujourd'hui, par ces trois méthodes, des quantités énormes de soude caustique et de chlore ; l'hydrogène, produit accessoire de cette fabrication, n'est plus, comme autrefois, sans emploi : il sert maintenant à gonfler les aérostats.

La fabrication de l'aluminium et celle du magnésium ont un caractère spécifiquement électrochimique, car ces métaux ne peuvent pas être obtenus par un procédé purement chimique. Pour extraire les métaux de leurs sels ou de leurs oxydes, on se sert généralement du carbone, soit seul, soit associé à l'oxygène. Or les oxydes d'aluminium et de magnésium ont une telle stabilité qu'ils ne sont pas décomposés par le carbone, du moins aux températures que l'on peut atteindre dans l'industrie. Les bâtons de charbon qu'on plonge dans un bain de composés d'aluminium en fusion ne suffisent pas à les décomposer ; pour en déterminer la décomposition, il faut en outre faire intervenir une tension électrique. Il se forme alors, tout comme dans une réaction ordinaire, du métal et de l'oxyde de carbone. Mais tandis que, dans une réduction ordinaire, le métal et l'oxyde de carbone apparaissent l'un près de l'autre, dans l'opération en question l'aluminium se sépare à la cathode et l'oxygène à l'anode ; étant formée de charbon, celle-ci se combine avec l'oxygène mis en liberté ; la tension à employer est moins grande que s'il se dégageait de l'oxygène gazeux [1].

La grande *valeur commerciale de l'énergie* se reconnait bien aux prix de l'aluminium et du magnésium métalliques, qui sont élevés relativement à ceux des oxydes ou des sels naturels dont on les tire, car ces différences de prix tiennent principalement à des différences de teneur en énergie. On tire parti de la teneur considérable en énergie de ces deux métaux : on brûle le magnésium à cause de la lumière vive qui accompagne sa combustion ; quant à l'aluminium, H. Goldschmidt a imaginé de le faire entrer dans la composition de divers mélanges, qu'il a appelés « thermit ». On mêle de l'aluminium en poudre à différents oxydes métalliques. Quand on détermine la combustion du mélange ainsi formé, l'oxygène se porte sur l'aluminium, qui a une chaleur de combustion très forte, et il se déve-

1. Le lecteur attentif se dira peut-être que la combinaison de l'oxygène avec le charbon, étant une réaction secondaire, ne peut pas produire de force électromotrice. Cette conclusion serait erronée, car les réactions secondaires engendrent, elles aussi, des forces électromotrices; la plupart des dépolarisateurs sont des substances qui déterminent des réactions secondaires. Tout dépend de la vitesse du processus : s'il s'effectue rapidement, il produit une tension ; s'il s'effectue lentement, il n'en produit pas. Ce qui explique ce fait d'apparence paradoxale, c'est que chaque substance peut donner toute une série de forces électromotrices différentes ; la valeur de la force électromotrice dépend de la concentration de la substance. Lorsqu'un processus secondaire est lent, le produit primaire s'accumule dans des proportions telles que c'est lui qui détermine la tension ; lorsqu'il est rapide, le produit primaire est détruit si vite que sa concentration est infiniment petite à chaque instant, de sorte que ce produit ne peut exercer aucune influence sur la tension.

loppe une très grande quantité de chaleur dans un espace très restreint ; grâce à ce fait, il est possible, d'une part, d'amener à l'état métallique des oxydes difficilement réductibles, et, d'autre part, de produire des échauffements locaux très considérables. On a, pour ainsi dire, un haut-fourneau et un feu de forge dans le creux de la main. Ce procédé permet de doser l'énergie calorifique beaucoup plus exactement qu'on ne peut le faire en chauffant un corps au moyen de charbon de terre brûlant à l'air.

Légers et relativement résistants, l'aluminium et le magnésium sont utilisés pour la construction de différents objets ; tout le monde connaît, par exemple, l'application que l'on fait de l'aluminium à la construction de ballons dirigeables. Tous les autres métaux, tant durs que mous, présentent, à côté d'avantages divers, l'inconvénient d'être lourds. Cet inconvénient est parfois très considérable : témoin les chaudières et les machines à vapeur des steamers, dont le poids est si grand relativement à la force portante de ces navires. Il semble que les alliages d'aluminium et de magnésium, qui ont été introduits dans l'industrie, sous différents noms, il y a une dizaine d'années déjà, aient des qualités encore supérieures à celles de l'un ou de l'autre de ces métaux ; de même que le laiton, alliage de zinc et de cuivre, possède des qualités supérieures à celles de chacun de ses composants.

Il nous faut parler maintenant d'un autre produit important au point de vue industriel, le *car-*

bure de calcium, composé de calcium et de carbone, qui a été découvert par Wöhler, mais dont la fabrication sur une grande échelle n'est possible que depuis que l'on sait produire l'énergie électrique à bon marché. Ainsi que Willson et Moissan l'ont constaté indépendamment l'un de l'autre, un mélange de chaux et de charbon, chauffé très fortement par un courant électrique, donne naissance à ce composé. Il ne s'agit pas ici d'une électrolyse. Le courant n'est utilisé que comme source de chaleur ; il sert uniquement à chauffer les deux substances jusqu'à la température nécessaire pour que la réaction ait lieu. Sans l'emploi du courant, on ne pourrait pas obtenir, dans l'industrie, la température voulue. Il s'effectue donc dans le carbure de calcium une concentration d'énergie très considérable ; les fours à carbure sont bien connus d'ailleurs pour leur énorme consommation d'énergie.

L'excédent d'énergie contenu dans le carbure de calcium se manifeste par le fait que ce composé donne avec l'eau le gaz *acétylène*, dont la chaleur de combustion est considérablement plus grande que la somme des chaleurs de combustion de ses éléments, et aussi que celle des autres hydrocarbures. C'est pour cette raison que l'acétylène produit tant de lumière en brûlant (la principale application du carbure de calcium repose, comme on le sait, sur cette propriété de l'acétylène). C'est pour la même raison que l'acétylène, particulièrement à l'état liquide, est une *substance explosive* des plus dangereuses (même en l'absence d'oxygène) ; l'excès d'énergie de ce gaz est mis en liberté par sa décomposition en ses éléments (ou en composés plus pauvres que lui en énergie), et cette décomposition a lieu très facilement.

Une autre conséquence de la grande quantité d'énergie possédée par le carbure de calcium, c'est que ce corps se combine facilement avec l'azote libre (qu'il est presque impossible de faire entrer dans n'importe quelle autre combinaison). Comme on le sait, nous disposons de quantités illimitées d'azote libre, contenues dans l'air atmosphérique ; aussi ce gaz n'a-t-il, pour ainsi dire, aucune valeur, tandis que l'azote combiné, soit dans l'ammoniaque, soit dans l'acide nitrique, se vend 1 mark le kilogramme. Ici aussi la différence des prix exprime la valeur de l'énergie employée à la transformation. Le composé résultant de la combinaison de l'azote libre avec le carbure de calcium est la cyanamide, découverte par Frank et Caro. Ce composé sert comme engrais : à l'air humide, son azote donne de l'ammoniaque, substance que les plantes peuvent assimiler. Comme il est essentiel pour l'agriculture qu'elle puisse se procurer de l'azote combiné d'un prix peu élevé, on voit l'importance économique de cet engrais.

A côté de ce procédé de combinaison de l'azote libre par addition d'énergie, l'industrie en emploie un autre, dont les expériences de Cavendish ont fourni le principe. Ce procédé consiste à combiner entre eux les composants de l'air par des décharges électriques. Il ne repose pas sur une électrolyse, mais seulement sur une réaction chimique spontanée due à une élévation de température très considérable. Cavendish avait déjà constaté que l'étincelle devait être aussi forte que possible, ou, en d'autres termes, que chaque décharge devait mettre en jeu une très grande quantité d'énergie. Aujourd'hui, naturellement, on n'emploie plus les décharges d'une machine électrique, mais des décharges d'électricité de haute tension, dont la technique fournit diverses formes. Sur le trajet de la décharge, l'air se trouve très fortement chauffé, et, dans ces conditions, ses deux éléments libres, l'oxygène et l'azote, se combinent ensemble. Quand le refroidissement est lent, le composé qui s'est formé se décompose, car il n'est en équilibre stable qu'à une température élevée. Mais si on refroidit rapidement — d'ailleurs le refroidissement spontané est en général rapide parce que la décharge est le plus souvent filiforme — une partie considérable du composé subsiste; à une température basse, la décomposition se fait si lentement que la substance est pratiquement stable.

Il n'y a qu'une petite partie de l'énergie consommée dans cette synthèse qui passe dans le composé; la plus grande partie, de beaucoup, sert à chauffer l'air jusqu'à la température voulue. Comme on le voit, on se trouve ici en face du problème d'utiliser cette chaleur en produisant du courant; ce qui rend la solution de ce problème particulièrement difficile, c'est que, à cause des conditions dans lesquelles le produit se décompose, il faut qu'il y ait un refroidissement aussi rapide que possible dans les premières phases de l'opération.

Si nous jetons un coup d'œil sur l'état actuel de l'électrochimie industrielle, cette expression étant prise dans son sens le plus large, c'est-à-dire si nous cherchons à voir où en est l'application de l'énergie électrique à des opérations de chimie industrielle, nous nous convaincrons facilement qu'on est aux débuts d'une industrie qui a le plus grand avenir. On a fait remarquer avec raison que les progrès modernes de l'électrochimie scientifique, si considérables qu'ils soient, n'ont guère profité à la technique, attendu que celle-ci a résolu tous les problèmes en face desquels elle s'est trouvée, ou du moins la plupart d'entre eux, sans l'aide de la théorie des ions libres ni de celle de la pression électrolytique de dissolution. La cause en est qu'il y a peu de temps seulement qu'on a pu rendre applicables à l'industrie les plus anciennes découvertes de l'électrochimie : l'électrolyse des sels, la séparation des métaux, etc. Cela s'explique par le fait que la production d'énergie électrique à bon marché est une conquête toute récente, et que l'on vient seulement de trouver les dispositions fondamentales à adopter pour appliquer cette énergie à la production des processus chimiques que l'industrie se propose de réaliser (nous laissons de côté ici la question de savoir combien il reste encore à découvrir dans ce domaine, et comment s'y vérifiera la loi générale d'après laquelle on n'arrive jamais qu'en dernier lieu aux solutions les plus simples). On peut prédire que c'est seulement quand les problèmes de l'électrochimie industrielle seront devenus plus délicats qu'elle pourra utiliser les progrès scientifiques réalisés dans les dernières décades. Car, comme la technique n'a pas apporté de points de vue essentiellement nouveaux à l'électrochimie scientifique, on est fondé à dire que, si la théorie des ions libres n'a pas encore rendu de services à la technique, cela ne tient pas à l'état de la science, mais à celui de la technique elle-même.

Remarquons, pour finir, que nous n'avons traité ici que d'une petite partie des très nombreuses applications industrielles de l'électrochimie. Bien des industries importantes, telles que le raffinage du cuivre, la fabrication des chlorates, des chromates, d'autres composés très oxygénés, etc., ont été passées sous silence, parce qu'on ne pouvait pas y rattacher des observations d'ordre général.

CHAPITRE XI

L'ÉLECTRON

Dans un discours qu'il prononça en 1879 en l'honneur de Faraday, Helmholtz exprima l'idée que l'électricité a probablement une structure atomique, qu'il doit y avoir des particules d'électricité qui ne peuvent pas plus se subdiviser que les atomes matériels. Cela résultait, à ses yeux, de la loi de Faraday. Il se représentait les ions comme constitués par des atomes matériels, dont chacun transporte une particule indivisible d'électricité (ou plusieurs, s'il est plurivalent), de même que chaque soldat transporte son fusil.

On pourrait aussi imaginer que chaque atome ou ion est pourvu d'un ou de plusieurs récipients pour l'électricité, tous d'égale capacité, et contenant toujours la même quantité d'électricité. Alors rien n'empêcherait de regarder celle-ci comme indéfiniment divisible, et on aurait néanmoins une représentation claire des choses, et une représentation qui s'accorderait avec la loi de Faraday.

On a démontré de nos jours la justesse de la théorie atomique de l'électricité, et cette théorie a pris une importance beaucoup plus grande qu'on ne pouvait le prévoir. Aujourd'hui plusieurs savants éminents regardent l'atome électrique, ou *électron*, comme le dernier reste réel auquel conduit non seulement l'analyse des phénomènes électriques, mais aussi celle de la lumière, et même de tous les corps pondérables. En d'autres termes, ils considèrent le monde physique tout entier comme constitué par des électrons.

Il ne faut pas perdre de vue qu'il ne s'agit pas d'un quantum élémentaire d'énergie électrique, mais d'une *quantité non subdivisible d'électricité*. Or la quantité d'électricité représente le facteur de quantité ou de capacité de l'énergie électrique. La quantité d'énergie possédée par un électron dépend au reste de la tension de la quantité d'électricité dont il est formé, et l'on n'a pas encore trouvé de limites inférieures finies pour cette tension.

La conception de Helmholtz était très hypothétique, comme il le fit remarquer lui-même. En partant des hypothèses de la théorie cinétique des gaz, et en mesurant certaines constantes, en particulier le frottement intérieur des gaz, leur conduction calorifique et leur diffusion, on avait trouvé des chiffres représentant le nombre des molécules que contient un espace donné dans des circonstances déterminées. Ces chiffres avaient donc la signification suivante : si l'on admet les hypothèses de la théorie cinétique des gaz, il faut, pour que le calcul fournisse, pour le frottement intérieur, la valeur observée, admettre qu'il y a tel nombre de molécules dans l'espace donné. On ne connaissait pas alors de preuve directe de l'exactitude de la théorie des gaz ; mais d'autres mesures, indépendantes de celles dont il vient d'être question, avaient également fourni des valeurs pour le nombre et la grandeur des molécules, et ces valeurs concordaient autant qu'on pouvait s'y attendre avec celles qu'on avait tirées, par le calcul, de la valeur du frottement. Cette concordance n'établissait pas que la théorie cinétique des gaz fût exacte ; elle démontrait qu'il existait, entre les divers phénomènes, des relations de l'espèce de celles qu'on avait admises ; mais elle ne démontrait pas que la forme particulière sous laquelle on représentait ces relations fût la seule possible.

Des mesures effectuées il résultait que dans une « mol » d'un gaz donné, c'est-à-dire dans une quantité de ce gaz pesant un nombre de grammes égal au nombre d'unités contenu dans son poids moléculaire (32 pour l'oxygène, 2 pour l'hydrogène, etc.), il y a environ 10^{24} molécules. Ce nombre est très grand, mais pas tellement qu'on ne puisse pas concevoir ce qu'il représente. Si l'on imagine une goutte d'eau agrandie au point d'avoir le volume du globe terrestre, les molécules qui la composent auraient à peu près le diamètre d'une boule de jeu de quilles de moyenne grosseur. Des mesures plus exactes effectuées dans les derniers temps ont donné pour ce nombre la valeur $0{,}705 \times 10^{24}$.

D'autre part, un équivalent-gramme d'un ion monovalent quelconque transporte une quantité d'électricité de 96 540 coul. Comme la pression osmotique des ions est telle que chacun d'eux doit être compté comme une molécule, chacun (dans l'hypothèse atomique) porte une charge électrique de $\frac{96\,540}{0,705 \times 10^{24}}$ coul., c'est-à-dire de $1,37 \times 10^{-19}$ coul. ; cette charge, en admettant la conception de Helmholtz, représente le *quantum électrique élémentaire*, indivisible, c'est-à-dire l'*atome électrique* ou électron.

On va voir que cette théorie est née, comme celle des ions libres, de l'étude des phénomènes de *conduction électrique*. Seulement il ne s'agira pas ici de la conduction dans les conducteurs de premier ordre, c'est-à-dire dans les métaux, ni dans les conducteurs de second ordre, c'est-à-dire dans les électrolytes, mais dans des conducteurs d'un troisième ordre, qui n'obéissent ni aux lois des conducteurs du premier ordre, ni à celles des conducteurs du second ordre : il s'agira de la conduction dans les *gaz*.

Tout le monde sait que l'air ordinaire n'est pas conducteur. S'il avait seulement un pouvoir conducteur égal à celui de l'eau pure (qui est très faible), il est probable que nous ne connaîtrions pour ainsi dire rien des phénomènes électriques, car l'énergie électrique, dès qu'elle aurait pris naissance quelque part, se déchargerait à travers l'air, de sorte qu'il serait pratiquement impossible d'accumuler des quantités tant soit peu considérables de cette énergie. Pourtant, en y regardant de près, on s'est convaincu que l'air possède une trace mesurable de conductibilité, et qu'il peut même acquérir, dans certaines circonstances, une conductibilité considérable. On savait dès le XVIIIe siècle que les gaz des flammes et la fumée conduisent l'électricité, et qu'il en est de même de l'air qui a passé sur du phosphore émettant des lueurs. Dans ces dernières années, on a trouvé de nouveaux moyens de rendre l'air conducteur ; ces moyens, très efficaces, reposent sur l'emploi des rayons Röntgen et des substances radioactives. Enfin l'air raréfié conduit l'électricité quand la tension de celle-ci est élevée : tout le monde connait les magnifiques phénomènes de décharge qui se produisent dans les tubes de Geissler.

Bien qu'on ait fait de très nombreuses recherches dans ce domaine, on n'y a découvert que fort peu de faits généraux. Cela tient surtout à l'extraordinaire diversité des phénomènes qui s'y produisent ; par suite de cette diversité, en effet, il est très difficile d'établir, pour un cas déterminé, les conditions qui permettraient de le reproduire, ce qui serait nécessaire pour pouvoir l'étudier de près. Un seul fait capital, découvert par Wilhelm Hittorf dès 1869, apparait nettement : c'est que, si l'on détermine des décharges dans un espace où l'air est raréfié, il jaillit de la cathode des rayons rectilignes, normaux à cette électrode ; ces rayons donnent lieu, aux surfaces qu'ils frappent, à des phénomènes qui sont lumineux ou calorifiques suivant la nature de la surface frappée. Il faut d'ailleurs, pour que ces *rayons cathodiques* puissent se former, pousser assez loin la raréfaction de l'air. Il n'y a d'abord qu'une petite région, autour de la cathode, qui se remplisse de la lumière bleue caractéristique de cette sorte de rayons ; la région éclairée grandit à mesure que la raréfaction augmente, et elle finit par s'étendre jusqu'à la paroi opposée. Ces rayons sont arrêtés par le verre, qu'ils rendent phosphorescent. Par contre, ils peuvent traverser une feuille très mince d'aluminium. En se fondant sur ce fait et en employant un dispositif approprié, le physicien Lenard a réussi à les faire parvenir à l'air libre. Mais ils ne tardent pas à s'y éteindre, et cèdent alors leur énergie à l'air, qui de ce fait devient conducteur. On a constaté que les rayons cathodiques peuvent pénétrer, plus ou moins profondément, dans tous les corps ; la résistance que ceux-ci leur opposent est proportionnelle à leur densité.

Cette proportionnalité est un fait très remarquable. En effet, on ne connaissait autrefois qu'une seule proportionnalité de ce genre, celle qui existe entre la masse et le poids. La masse d'un corps est déterminée par la vitesse qu'il prend sous l'action d'une énergie donnée qui lui est appliquée ; cette dépendance entre la vitesse imprimée à un corps et la masse de ce corps est la cause pour laquelle, en lançant avec le même effort une petite pierre et une grosse, on communique une plus grande vitesse à la première qu'à la seconde. Quant au poids, il exprime le travail qu'il faut dépenser pour éloigner le corps du centre de la terre. La proportionnalité de la masse et du poids est un fait qui n'a pas encore été nettement expliqué, et qui est exprimé par cette loi bien connue que tous les corps (si on ne tient pas compte des influences secondaires) tombent avec la même vitesse. Les différences chimiques, électriques, thermiques ou autres n'ont aucune influence sur la vitesse de chute d'un corps, tandis que toutes ses autres propriétés dépendent de sa nature chimique et des diverses énergies qui agissent sur lui.

On pourrait donc considérer comme probable que l'énergie en jeu dans les rayons cathodiques est de l'énergie de mouvement ou une énergie ayant des rapports très étroits avec celle-ci.

De fait, on a constaté plus tard que les rayons cathodiques sont des électrons négatifs, qui jaillissent de la cathode avec une vitesse voisine de celle de la lumière, et qui, grâce à leur énergie de mouvement, pénètrent dans les corps qu'ils rencontrent. Leur énergie de mouvement prend alors d'autres formes, et, comme elle est d'une intensité extraordinaire, elle donne lieu à des phénomènes que ne peuvent pas provoquer d'autres énergies de moindre intensité.

Avant d'arriver à la connaissance de ces derniers faits, on eut à parcourir un long chemin, à franchir bien des étapes. Nous devons nous contenter d'indiquer les plus importantes d'entre elles. En procédant ainsi, d'ailleurs, nous ferons mieux ressortir les grandes lignes de ces études extrêmement intéressantes.

La lumière que la théorie des ions libres avait jetée sur les phénomènes de la conductiblité électrique par les liquides fit penser qu'une théorie analogue éclairerait ceux de la conduction électrique par les gaz. Il ne pouvait pas être question d'appliquer aux deux domaines la même théorie : ils sont trop dissemblables pour cela. Il a fallu des travaux longs et ardus pour établir les rapports qui existent entre eux, et pour arriver à expliquer la conduction par les gaz aussi nettement qu'on avait expliqué la conduction par les liquides. Le savant qui a le plus contribué à élucider ces questions est le physicien anglais J.-J. Thomson, de Cambridge. Il a un autre mérite, celui d'avoir su grouper autour de lui un grand nombre d'élèves, qu'il a associés à ses recherches. Il a créé ainsi la première école anglaise de physique, comme William Ramsay a créé la première école anglaise de chimie. Il n'enseignait pas seulement les faits acquis par la science, mais encore les méthodes à employer pour faire des recherches. Cinquante ans auparavant, Liebig avait déjà montré par son exemple qu'il est possible d'enseigner à faire des recherches et d'exercer ainsi une influence considérable sur le développement de la science.

Thomson prouva d'abord que la conduction dans un gaz est une conduction par le gaz lui-même, et non point, comme beaucoup de savants l'avaient admis jusque-là, une « dispersion » opérée par des poussières, etc. Toutefois cette conduction obéit à des lois essentiellement différentes de celles qui régissent la conduction par les solutions. Cela tient premièrement à ce que, dans les gaz, les ions, ou particules conductrices, sont beaucoup plus éloignés les uns des autres que dans les solutions, et deuxièmement à ce que la concentration des ions gazeux subit des changements continuels, tandis que celle des ions des solutions a une valeur déterminée, qui ne se modifie, en général, ni avec le temps ni du fait de la conduction même. Les ions gazeux ont, en effet, une tendance à disparaître ; cela se voit bien dans le cas de l'air, dont la conductibilité est très faible, et serait au contraire très grande si tous les ions gazeux qui s'y forment en vertu de différentes causes y restaient, de même que les substances minérales dissoutes par l'océan restent dans ses eaux. Voilà une première raison pour laquelle la conductibilité d'une masse gazeuse donnée diminue continuellement. La seconde raison de cette diminution, c'est que, dans le cas des gaz, la conduction consomme une proportion considérable des ions, généralement peu nombreux, qu'ils contiennent. Quand il s'agit d'un gaz, il ne saurait être question de conductibilité dans le sens qu'on attache à ce mot quand il s'agit d'un liquide, car l'intensité du courant qui traverse un gaz n'est pas du tout proportionnelle à la tension employée, comme celle du courant qui traverse un liquide ; elle augmente plus lentement que la tension. Mais on peut obtenir un cas limite en mettant en œuvre une source constante de nouveaux ions et en faisant usage d'un courant de tension assez grande pour que tous les nouveaux ions soient consommés par le transport de ce courant. Alors l'intensité du courant ne dépend plus de la tension, mais seulement de la quantité d'ions fournie au gaz dans l'unité de temps. Elle ne mesure pas, comme dans le cas des électrolytes, le nombre des ions permanents, mais la vitesse de production des ions. Un pareil courant est appelé courant de saturation.

Après avoir ainsi démêlé les phénomènes généraux de la conduction, il fallait chercher à élucider la question de savoir si les propriétés des ions dépendent de la nature chimique du gaz dans lequel ils prennent naissance. On n'y est pas encore parvenu. On a bien observé des différences entre divers gaz sous le rapport des propriétés des ions qui s'y forment, mais des différences trop peu considérables pour qu'on ait pu arriver à une conclusion nette.

Par contre, on a résolu une autre question capitale. Jusqu'à présent, quand nous parlions de conduction par les ions gazeux, nous nous servions d'une expression qui dépassait les faits étudiés, car aucun de ces faits n'indiquait un morcellement de l'électricité ou des substances pondérables. D'autre part, rien n'obligeait d'admettre que la conduction dans les gaz est continue, de même que rien n'oblige d'admettre que la conduction dans les métaux est discontinue. Thomson se mit en quête de phénomènes susceptibles de lui fournir une réponse immédiate à cette question : y a-t-il continuité ou discontinuité ? Il la trouva dans un domaine très éloigné, en apparence, de celui qu'il étudiait.

Quand de l'air humide se refroidit, il apparait un brouillard dès que la pression de la vapeur d'eau se trouve plus grande que la pression maxima correspondant à la température de l'expérience. On peut vérifier la chose en mettant un peu d'eau dans un flacon, de façon que l'air qu'il contient puisse se saturer de vapeur, et en déterminant ensuite un léger refroidissement par une brusque raréfaction de l'air : le flacon se remplit alors de brouillard. Mais c'est à la condition que l'expérience n'ait pas été déjà faite avec le même appareil. En effet, si l'on recommence l'expérience le lendemain avec le même appareil, on n'obtient pas le moindre brouillard par une raréfaction moyenne de l'air. Comme on le sait, la raison en est que toutes les petites poussières qui flottaient dans l'air du flacon, et autour desquelles se formaient les gouttelettes d'eau, se sont déposées dans l'intervalle. Des gouttelettes très petites possèdent, à cause de leur énergie de surface, qui est très grande, une tension de vapeur plus élevée que de grosses gouttes; aussi ne peut-il pas s'en former quand on refroidit l'air légèrement, car leur tension de vapeur serait plus élevée que la tension de vapeur existant dans l'air. Les poussières étaient saturées d'humidité; aussi se comportaient-elles comme de grosses gouttes d'eau.

Or, si l'on introduit des ions gazeux dans un espace rempli d'air et ne contenant pas de poussières, ces ions agissent comme des poussières, c'est-à-dire qu'ils provoquent une légère condensation, qui se traduit par la formation d'un brouillard. Nous ne pouvons ici qu'indiquer d'un mot la raison de ce phénomène : il repose sur une action de la charge électrique des ions, qui cherche à s'étendre, et qui, par suite, détermine l'agrandissement de son support.

Ce qu'il y a d'essentiel dans ce phénomène, c'est qu'il se forme des gouttelettes distinctes. Car on doit conclure de ce fait que les causes de condensation se trouvent en des points séparés de l'espace considéré, que, par conséquent, les charges électriques qui provoquent la condensation sont disposées d'une façon atomique[1].

Non seulement on peut voir les ions mais encore on peut les compter. Bien entendu, de la formation d'un brouillard on ne peut conclure qu'à l'existence de différences spatiales ; mais on a différents procédés pour déterminer les dimensions elles-mêmes des particules dont ce brouillard est composé. L'un d'entre eux consiste à mesurer le halo, anneau caractéristique qui se forme autour d'un point lumineux observé à travers le brouillard, et qui est plus ou moins grand suivant la structure de celui-ci. C'est par ce procédé, et par d'autres encore, que Thomson et son élève Wilson purent déterminer le nombre des ions contenus dans une quantité donnée d'un gaz donné dans des conditions données.

D'autre part, la charge électrique portée par l'ensemble de ces ions fut mesurée. Si l'on divise leur charge totale par leur nombre, on obtient leur charge individuelle. Cette charge ainsi calculée est d'un peu plus de 10^{-19} coul.,

[1] On peut aussi imaginer que les quantités d'électricité contenues dans l'espace considéré ne se constituent en charges séparées qu'au moment de la condensation.

c'est-à-dire qu'elle est égale au quantum élémentaire d'électricité déterminé au moyen de la loi de Faraday et de la théorie cinétique des gaz.

Ce résultat est de la plus grande importance, car il démontre très nettement l'existence individuelle des ions gazeux. Leur structure atomique n'est donc plus simplement probable : on en a une preuve scientifique satisfaisante. En effet, si l'on nie cette structure, on devra expliquer comment il se fait qu'il se forme des gouttelettes distinctes. Il n'est pas possible d'affirmer absolument que, si les ions gazeux n'avaient pas une structure atomique, il ne se formerait pas de gouttelettes, mais l'hypothèse de cette structure rend si bien compte des phénomènes observés qu'il serait contraire à l'intérêt de la science de n'en pas faire usage, du moins aussi longtemps que cette hypothèse rendra également compte des faits nouveaux.

Une fois connue la valeur de la charge d'un ion, on peut s'en servir pour découvrir d'autres propriétés des ions. Par exemple, on fera agir sur eux un champ électrostatique, et l'on mesurera la vitesse des mouvements qu'ils exécuteront sous l'influence de ce champ. Car ce champ exercera une action, soit attractive, soit répulsive, sur les charges des ions, et, comme on connaît les forces en jeu, on pourra calculer la grandeur des masses en mouvement si on connaît leurs vitesses.

On n'a pas, jusqu'à présent, coordonné d'une façon satisfaisante les renseignements qu'on a obtenus de cette façon sur la masse des ions. Il y a des ions légers et des ions lourds; mais, si l'on avait espéré trouver que leurs poids sont proportionnels aux poids moléculaires des chimistes, cette espérance a été déçue. Il y a là un point encore obscur. Il faut laisser à l'avenir le soin de l'éclairer.

Il n'y a qu'une espèce d'ions pour laquelle on soit parvenu à des résultats précis (non pas que leurs poids se soient montrés proportionnels à ceux des molécules des chimistes). C'est l'étude des rayons cathodiques qui a révélé leurs propriétés; elle a conduit dans un monde absolument inconnu auparavant.

Les rayons cathodiques sont déviés par l'aimant, tout comme un courant électrique. Or les charges électrostatiques en mouvement se comportent, elles aussi, sous ce rapport, comme un courant électrique ordinaire, ainsi que l'avaient démontré longtemps auparavant les expériences exécutées par Rowland dans le laboratoire de Helmholtz. Rien ne s'opposait donc à ce qu'on regardât les rayons cathodiques comme constitués par des groupes de particules chargées électriquement, c'est-à-dire d'ions, et il ne s'agissait plus que de trouver la grandeur et les propriétés de ces ions. En mesurant la déviation que les champs magnétiques et électriques font éprouver aux rayons cathodiques, on obtint les données voulues. On établit ainsi que *la masse des électrons est beaucoup moindre que celles des molécules pondérables*. Elle est mille fois plus petite environ que la masse d'un atome d'hydrogène, c'est-à-dire deux mille fois moindre que celle d'une molécule de ce gaz.

La vitesse des électrons est extrêmement grande. Or une particule électrique qui se meut dans l'espace exerce sur l'espace lui-même une action électrodynamique. Cette action est infiniment faible tant que la vitesse du mouvement est de beaucoup inférieure à la vitesse de propagation de l'action électrodynamique (qui, ainsi que Hertz l'a établi, est la même que celle de la lumière); mais si la vitesse de la particule se rapproche de celle de la lumière, son action devient appréciable; elle est tout à fait la même que si cette particule avait une masse déterminée s'opposant à un changement de la vitesse. Lorsqu'on eut calculé cette action au moyen de la vitesse des corpuscules cathodiques (Kaufmann), on constata que la « masse » tout entière de l'électron est d'origine électrodynamique, de sorte qu'*il ne contient aucun élément pondérable*. Voilà donc une particule d'énergie ayant une existence propre, une particule qui n'est pas liée à une substance pondérable, à de la « matière ».

Cette découverte ne pourra manquer d'exercer une influence très grande sur l'ensemble de nos idées relatives à la nature du « réel » dans le monde extérieur. Si l'on considère l'influence qu'exercèrent sur les conceptions philosophiques de Descartes les découvertes effectuées dans le domaine de la mécanique par Galilée et ses successeurs; si l'on songe que Kant a construit sa philosophie d'après le schéma de la théorie de l'attraction de Newton, et que les philosophes naturalistes allemands du commencement du XIXe siècle ont fait usage, pour leurs théories, des particularités polaires des phénomènes électriques, on reconnaîtra qu'*il y a ici des matériaux pouvant servir à édifier une théorie nouvelle, une théorie électrodynamique du monde.* D'ailleurs on est déjà entré dans cette voie, et l'on estime aujourd'hui qu'il y a des chances pour que l'on arrive à donner à la mécanique des bases électrodynamiques (il a été établi, rappelons-le, qu'il est impossible de donner à l'électrodynamique des bases mécaniques).

Maintenant, quelle influence la théorie des ions a-t-elle eue sur les progrès de l'électrochimie ? Eh bien, il faut reconnaître que, si cette théorie donne une idée nette de la nature et de la constitution des ions, si elle montre bien en quoi ils diffèrent des substances non électriques, elle n'a pas encore amené la découverte de faits nouveaux, ni de lois nouvelles, dans le domaine de l'électrochimie proprement dite. Si nous concevons l'électron comme la quantité d'électricité qui est fixée à un ion monovalent, nous pouvons nous représenter la combinaison d'un atome pondérable (ou d'un groupe d'atomes pondérables) avec un électron comme l'analogue d'une combinaison chimique; et, de même que du chlore + de l'hydrogène est quelque chose de tout différent du chlore seul (étant de l'acide chlorhydrique), de même du chlore + un électron est quelque chose de tout différent du chlore seul : c'est un ion de chlore. Les éléments qui passent facilement à l'état d'ions, comme les métaux alcalins et le fluor, ont une affinité particulière pour l'électron, c'est-à-dire qu'en se combinant avec lui ils perdent une grande quantité d'énergie. Cette même quantité doit leur être restituée si on veut les séparer de l'électron. C'est pourquoi le fluor et le potassium élémentaires sont si difficiles à obtenir. D'autre part, l'or et l'iode se combinent difficilement avec l'électron, et l'on doit dépenser du travail pour effectuer ces combinaisons, d'où la facilité avec laquelle elles se défont.

Si l'élément (ou le groupe) est plurivalent, il se combine avec deux, trois, etc., électrons, de même signe naturellement, car des électrons de signes contraires se neutraliseraient. Comme l'électron est indivisible, la charge que prend un élément ou un groupe plurivalent est un multiple entier de la charge prise par un élément ou un groupe monovalent. Ce qui montre bien, d'ailleurs, qu'il en est ainsi, c'est qu'il ne se manifeste jamais de charges électriques dans les réactions chimiques, et que, par conséquent, les quantités d'électricité positive et d'électricité négative en jeu se neutralisent toujours exactement.

Il nous faut dire ici un mot du signe de l'électron. Primitivement on ne connaissait pas d'autres électrons que ceux dont sont composés les rayons cathodiques et les rayons β des substances radioactives, qui sont de même nature que les rayons cathodiques (voir plus bas). Les rayons cathodiques et les rayons β sont toujours négatifs, de sorte qu'il semblait naturel d'admettre qu'il n'existe pas d'autre électricité que la négative, et que l'électricité dite positive n'est pas autre chose que de la matière pondérable ou de l'espace moins des électrons. Au XVIIIe siècle déjà, Franklin avait exprimé une idée toute semblable, sauf que c'est l'électricité positive qu'il considérait comme l'électricité réelle, pour la seule raison, très probablement, qu'elle était appelée positive, car son choix ne reposait sur aucune base déterminée. L'hypothèse d'une seule électricité se prête à l'interprétation des phénomènes électriques. On ne découvrit que relativement tard des ions gazeux positifs. Dans les derniers temps, plusieurs observateurs ont annoncé qu'ils avaient trouvé des électrons positifs, mais l'existence de ces électrons n'a pas encore été démontrée clairement. Il faut donc, pour le moment, regarder les ions électrolytiques positifs non comme des combinaisons, mais comme des substances où il y a des vides.

Dans le discours qu'il prononça en l'honneur de Faraday, discours dont il a été question au commencement de ce chapitre, Helmholtz exprima l'idée que les combinaisons chimiques ordinaires sont déterminées par des charges électriques égales à l'unité de quantité d'électricité, c'est-à-dire à l'électron, ou à un de ses multiples. Il revenait ainsi à l'idée de Berzelius, sauf qu'il n'admettait pas comme lui des charges électriques de valeurs très diverses, mais une ou plusieurs charges égales à l'unité de quantité d'électricité, selon que l'atome ou le groupe d'atomes considéré est monovalent ou plurivalent.

Cette conception est presque nécessaire dans le cas des composés salins solides, qui, en se dissolvant ou en fondant, se décomposent en ions. Car on ne peut pas admettre que les électrons soient créés *ex nihilo ;* ils existent nécessairement dans le composé, mais ne manifestent leur nature électrique que quand, en vertu de l'ionisation, ils cessent de se neutraliser réciproquement. Si maintenant on admet la possibilité d'une ionisation pour toute substance en tout point de cette substance, il semble qu'il faille aussi admettre la nécessité d'étendre la théorie des ions à l'ensemble des composés chimiques. Les atomes doubles qui forment les molécules de la plupart des gaz élémentaires pourraient être conçus ainsi : un atome simple posséderait aussi bien un électron positif qu'un électron négatif (ou plusieurs couples d'électrons), et, dans l'atome double, l'électron positif de l'un des atomes simples serait uni à l'électron négatif de l'autre, et inversement.

Ces vues n'ont pas encore aujourd'hui d'importance particulière pour les recherches. Il en est d'elles, dans une certaine mesure, comme il en fut de la théorie moléculaire d'Avogadro et Ampère à l'époque où elle se fit jour. Si elle expliqua les rapports volumétriques dans lesquels les gaz se combinent, elle n'apporta pas d'autres éclaircissements au sujet des gaz; aussi ne fut-elle pas regardée, à l'époque où ses auteurs la firent connaître, comme constituant un véritable progrès. Mais lorsque, plusieurs dizaines d'années après, on découvrit la corrélation qui existe entre la théorie d'Avogadro et Ampère et la systématique des composés organiques, cette théorie en fut vivifiée, et son importance apparut nettement.

Par contre, la théorie des électrons s'est montrée applicable dans un autre domaine, où l'on n'a pénétré que tout récemment, celui des *corps radioactifs*. Comme on le sait, les corps radioactifs sont des éléments et des composés semblables aux autres, mais ayant la propriété particulière d'émettre continuellement de l'énergie, en se transformant en des corps d'un autre caractère élémentaire. En d'autres termes, la loi de la *conservation des éléments* ne s'applique pas à eux, du moins si l'on continue à considérer comme éléments les corps que l'on regardait comme tels jusqu'à présent. L'énergie qu'ils émettent apparaît sous plusieurs formes, en particulier sous celle de rayons cathodiques, c'est-à-dire d'électrons négatifs, et, au moyen de dispositifs convenables, on peut dégrader cette énergie de façon à la convertir intégralement en chaleur.

Par suite de la nature électrique des rayons cathodiques, les phénomènes de radioactivité appartiennent nettement à l'électrochimie, mais ils n'y ont pas encore trouvé d'application. Si nous en avons parlé ici, c'est parce que la science contemporaine tend à s'en servir pour construire une théorie électrique non seulement des phénomènes chimiques, mais encore des phénomènes mécaniques et physiques. J. J. Thomson a cherché à expliquer la nature des éléments radioactifs en les représentant comme des systèmes très complexes composés d'électrons positifs et négatifs tourbillonnant les uns autour des autres dans différentes positions d'équilibre relatif. Ces équilibres deviennent instables pour peu que les électrons s'écartent de leur trajectoire normale, et l'atome fait explosion; généralement il projette alors quelques électrons, et le résidu prend une nouvelle structure stable.

Rapprochons de ceci, d'une part, les faits rapportés à la page 258, qui montrent la possibilité de fonder la mécanique sur des bases électromagnétiques; d'autre part, certaines conceptions qui se sont fait jour tout récemment en physique, d'après lesquelles la masse et l'énergie sont des entités de même dimension, dont les valeurs numériques sont reliées entre elles par le carré de la vitesse de la lumière; la conviction se forme alors en nous que nous sommes à la veille d'un bouleversement de toutes nos idées scientifiques, bouleversement aussi complet que celui qui se produisit lorsque Newton eut découvert la gravitation universelle et eut introduit dans la science sa théorie de l'attraction. La connaissance approfondie du passé nous aidera à trouver le chemin qui doit nous conduire à la science future.

TABLE DES MATIÈRES

CHAPITRE PREMIER

CHAPITRE II

CHAPITRE III

CHAPITRE IV

CHAPITRE V

CHAPITRE VI

CHAPITRE VII

ÉVREUX, IMPRIMERIE CH. HÉRISSEY, PAUL HÉRISSEY, SUCC^r

LIBRAIRIE FÉLIX ALCAN

MAISONS FÉLIX ALCAN ET GUILLAUMIN RÉUNIES

EXTRAIT DU CATALOGUE

SCIENCES — MÉDECINE — HISTOIRE — PHILOSOPHIE
ÉCONOMIE POLITIQUE — STATISTIQUE — FINANCES

TABLE DES MATIÈRES

PARIS

108, BOULEVARD SAINT-GERMAIN, 108 (6e)

JANVIER 1911

BIBLIOTHÈQUE SCIENTIFIQUE INTERNATIONALE

Volumes in-8, cartonnés à l'anglaise.

Derniers volumes publiés :

CUÉNOT (L.). **La genèse des espèces animales**, illustré. 12 fr.
LE DANTEC (Félix). **La stabilité de la vie.** 6 fr.
ROUBINOVITCH (Dr J.). **Aliénés et anormaux**, illustré. 6 fr.

Précédemment parus :

Sauf indication spéciale, tous ces volumes se vendent 6 *francs.*

ANGOT. **Les aurores polaires**, illustré.
ARLOING. **Les virus**, illustré.
BAGEHOT. **Lois scientifiques du développement des nations**, 7e édition.
BAIN (Alex.). **L'esprit et le corps**, 6e édition.
— **La science de l'éducation**, 11e édition.
BENEDEN (Van). **Les commensaux et les parasites dans le règne animal**, 4e édition, illustré.
BERNSTEIN. **Les sens**, 5e édition, illustré.
BERTHELOT, de l'Institut. **La synthèse chimique**, 10e éd.
— **La révolution chimique, Lavoisier**, ill., 2e édition.
BINET. **Les altérations de la personnalité**, 2e édition.
BINET et FÉRÉ. **Le magnétisme animal**, 5e éd., illustré.
BLASERNA et HELMHOLTZ. **Le son et la musique**, 5e éd.
BOURDEAU (L.). **Histoire du vêtement et de la parure.**
BRUNACHE. **Au centre de l'Afrique; autour du Tchad**, ill.
CANDOLLE (A. de). **Origine des plantes cultivées**, 4e édit.
CARTAILHAC. **La France préhistorique**, 2e éd., illustré.
CHARLTON BASTIAN. **Le cerveau et la pensée**, 2e éd., 2 vol. illustrés.
— **L'évolution de la vie**, avec figures dans le texte et 12 planches hors texte.
COLAJANNI. **Latins et Anglo-Saxons.** 9 fr.
CONSTANTIN (Cne). **Le rôle sociologique de la guerre et le sentiment national.**
COOKE et BERKELEY. **Les champignons**, 4e éd., illustré.
COSTANTIN (J.). **Les végétaux et les milieux cosmiques** (*Adaptation, évolution*), illustré.
— **La nature tropicale**, illustré.
— **Le transformisme appliqué à l'agriculture**, illustré.
DAUBRÉE, de l'Institut. **Les régions invisibles du globe et des espaces célestes**, 2e édition, illustré.
DEMENY (G.). **Les bases scientifiques de l'éducation physique**, 4e éd., illustré.
— **Mécanisme et éducation des mouvements.** 4e éd. 9 fr.
DEMOOR, MASSART et VANDERVELDE. **L'évolution régressive en biologie et en sociologie**, illustré.
DRAPER. **Les conflits de la science et de la religion.** 12e éd.
DUMONT (Léon). **Théorie scientifique de la sensibilité**, 4e éd.
GELLÉ (E.-M.). **L'audition et ses organes**, illustré.

GRASSET (J.). **Les maladies de l'orientation et de l'équilibre,** illustré.
GROSSE (E.). **Les débuts de l'art,** illustré.
GUIGNET (E.) et E. GARNIER. **La céramique ancienne et moderne,** illustré.
HERBERT SPENCER. **Introduction à la science sociale,** 14ᵉ éd.
— **Les bases de la morale évolutionniste,** 7ᵉ édition.
HUXLEY (TH.-H.). **L'écrevisse,** 2ᵉ édition, illustré.
JACCARD. **Le pétrole, le bitume et l'asphalte,** illustré.
JAVAL. **Physiologie de la lecture et de l'écriture,** 2ᵉ éd. illustré.
LAGRANGE (F.). **Physiologie des exercices du corps,** 10ᵉ éd.
LALOY. **Parasitisme et mutualisme dans la nature,** ill.
LANESSAN (de). **Introduction à la botanique.** *Le sapin,* 2ᵉ édit., illustré.
— **Principes de colonisation.**
LE DANTEC. **Théorie nouvelle de la vie,** 4ᵉ éd., illustré.
— **Évolution individuelle et hérédité.**
— **Les lois naturelles,** illustré.
LOEB. **La dynamique des phénomènes de la vie,** ill. 9 fr.
LUBBOCK. **Les sens et l'instinct chez les animaux,** ill.
MALMÉJAC. **L'eau dans l'alimentation,** illustré.
MAUDSLEY. **Le crime et la folie,** 7ᵉ édition.
MEUNIER (STANISLAS). **La géologie comparée,** illustré.
— **Géologie expérimentale,** 2ᵉ éd., illustré.
— **La géologie générale,** 2ᵉ édit., illustré.
MEYER (de). **Les organes de la parole,** illustré.
MORTILLET (G. de). **Formation de la nation française,** 2ᵉ édition, illustré.
MOSSO. **Les exercices physiques et le développement intellectuel.**
NIEWENGLOWSKI. **La photographie et la photochimie,** illust.
NORMAN LOCKYER. **L'évolution inorganique,** illustré.
PERRIER (ED.), de l'Institut. **La philosophie zoologique avant Darwin,** 3ᵉ édition.
PETTIGREW. **La locomotion chez les animaux,** 2ᵉ éd., ill.
QUATREFAGES (A. DE). **L'espèce humaine,** 15ᵉ édition.
— **Darwin et ses précurseurs français,** 2ᵉ édition.
— **Les émules de Darwin,** 2 vol.
RICHET (Ch.). **La chaleur animale,** illustré.
ROCHÉ. **La culture des mers en Europe,** illustré.
SCHMIDT. **Les mammifères dans leurs rapports avec leurs ancêtres géologiques,** illustré.
SCHUTZENBERGER, de l'Institut. **Les fermentations,** 6ᵉ édit. illustré.
SECCHI (Le Père). **Les étoiles,** 3ᵉ édit., 2 vol. illustrés.
STALLO. **La matière et la physique moderne,** 3ᵉ édition.
STARCKE. **La famille primitive.**
STEWART (BALFOUR). **La conservation de l'énergie,** 6ᵉ éd.
THURSTON. **Histoire de la machine à vapeur,** 3ᵉ éd., 2 vol.
TOPINARD. **L'homme dans la nature,** illustré.
VRIES (HUGO DE). **Espèces et variétés,** 1 vol. 12 fr.
WHITNEY. **La vie du langage,** 4ᵉ édition.
WURTZ, de l'Institut. **La théorie atomique,** 8ᵉ édition.

NOUVELLE COLLECTION SCIENTIFIQUE

DIRECTEUR : ÉMILE BOREL, professeur à la Sorbonne.

VOLUMES IN-16 A 3 FR. 50 L'UN

Derniers volumes publiés.

L'aviation, par PAUL PAINLEVÉ et ÉMILE BOREL. 4e édit., revue et augmentée. 1 vol. in-16, avec figures . . . . . 3 fr. 50

La race slave, *statistique, démographie, anthropologie*, par LUBOR NIEDERLE, professeur à l'Université de Prague. Traduit du tchèque et précédé d'une préface par L. LEGER, de l'Institut. 1 vol. in-16, avec une carte en couleurs hors texte . . . . 3 fr. 50

L'évolution des théories géologiques, par STANISLAS MEUNIER, professeur au Muséum d'Histoire naturelle. 1 vol. in-16, avec gravures. . . . . 3 fr. 50

Précédemment parus.

Éléments de philosophie biologique, par F. LE DANTEC, chargé du cours de biologie générale à la Sorbonne. 1 vol. in-16. 2e éd. . . . . 3 fr. 50

La voix. *Sa culture physiologique. Théorie nouvelle de la phonation*, par le Dr P. BONNIER, laryngologiste de la clinique médicale de l'Hôtel-Dieu, 3e éd. in-16. 3 fr. 50

De la méthode dans les sciences :

1. *Avant-propos*, par M. P.-F. THOMAS, docteur ès lettres, professeur de philosophie au lycée Hoche. — 2. *De la science*, par M. EMILE PICARD, de l'Institut. — 3. *Mathématiques pures*, par M. J. TANNERY, de l'Institut. — 4. *Mathématiques appliquées*, par M. P. PAINLEVÉ, de l'Institut. — 5. *Physique générale*, par M. BOUASSE, professeur à la Faculté des Sciences de Toulouse. — 6. *Chimie*, par M. JOB, professeur au Conservatoire des arts et métiers. — 7. *Morphologie générale*, par M. GIARD, de l'Institut. — 8. *Physiologie*, par M. LE DANTEC, chargé de cours à la Sorbonne. — 9. *Sciences médicales*, par M. PIERRE DELBET, professeur à la Faculté de médecine de Paris. — 10. *Psychologie*, par M. TH. RIBOT, de l'Institut. — 11. *Sciences sociales*, par M. DURKHEIM, professeur à la Sorbonne. — 12. *Morale*, par M. LÉVY-BRUHL, professeur à la Sorbonne. — 13. *Histoire*, par M. G. MONOD, de l'Institut. 2e éd. 1 vol. in-16. . . . . 3 fr. 50

L'éducation dans la famille. *Les péchés des parents*, par P.-F. THOMAS, professeur. 1 vol. in-16. 3e édit. . . 3 fr. 50

La crise du transformisme, par F. LE DANTEC. 2e éd. 1 vol. in-16. . . . . 3 fr. 50

L'énergie, par W. OSTWALD, prof. honoraire à l'Université de Leipzig (prix Nobel de 1909), traduit de l'allemand par E. PHILIPPI, licencié ès sciences. 2e éd. 1 vol. in-16. 3 fr. 50

Les états physiques de la matière, par CH. MAURAIN, professeur à la Faculté des Sciences de Caen. 2e édit. 1 vol. in-16, avec figures. . . . . 3 fr. 50

La chimie de la matière vivante, par JACQUES DUCLAUX, préparateur à l'Institut Pasteur. 2e édit. 1 vol. in-16. 3 fr. 50

COLLECTION MÉDICALE

ÉLÉGANTS VOLUMES IN-12, CARTONNÉS A L'ANGLAISE, A 4 ET A 3 FRANCS

DERNIERS VOLUMES PUBLIÉS :

Manuel de pratique obstétricale à l'usage des sages-femmes, par le Dr E. PAQUY, avec 107 gravures dans le texte. 4 fr.

Essais de médecine préventive, par le Dr P. LONDE. 4 fr.

La joie passive, par le Dr R. MIGNARD. Préface du Dr G. DUMAS. 4 fr.

Guide pratique de puériculture, à l'usage des docteurs en médecine et des sages-femmes, par le Dr DELÉARDE. 4 fr.

PRÉCÉDEMMENT PARUS :

La mimique chez les aliénés, par le Dr G. DROMARD. 4 fr.

L'amnésie, par les Drs G. DROMARD et J. LEVASSORT. 4 fr.

La mélancolie, par le Dr R. MASSELON, médecin adjoint à l'asile de Clermont. (*Couronné par l'Académie de médecine*). 4 fr.

Essai sur la puberté chez la femme, par Mlle le Dr MARTHE FRANCILLON, ancien interne des hôpitaux de Paris. 4 fr.

Hygiène de l'alimentation dans l'état de santé et de maladie, par le Dr J. LAUMONIER, avec gravures. 3e éd. 4 fr.

Les nouveaux traitements, par *le même*. 2e édit. 4 fr.

Les embolies bronchiques tuberculeuses, par le Dr CH. SABOURIN, médecin du sanatorium de Durtol, avec gravures. 4 fr.

Manuel d'électrothérapie et d'électrodiagnostic, par le Dr E. ALBERT-WEIL, avec 88 gravures. 2e éd. 4 fr.

La mort réelle et la mort apparente, diagnostic et traitement de la mort apparente, par le Dr S. ICARD, avec gravures. 4 fr.

L'hygiène sexuelle et ses conséquences morales, par le Dr S. RIBBING, prof. à l'Univ. de Lund (Suède). 3e édit. 4 fr.

Hygiène de l'exercice chez les enfants et les jeunes gens, par le Dr F. LAGRANGE, lauréat de l'Institut. 9e édit. 4 fr.

De l'exercice chez les adultes, par *le même*. 6e édition. 4 fr.

Hygiène des gens nerveux, par le Dr LEVILLAIN, avec gravures. 5e éd. 4 fr.

L'éducation rationnelle de la volonté, son emploi thérapeutique, par le Dr PAUL-EMILE LÉVY. Préface de M. le prof. BERNHEIM. 8e édition. 4 fr.

L'idiotie. *Psychologie et éducation de l'idiot*, par le Dr J. VOISIN, médecin de la Salpêtrière, avec gravures. 4 fr.

La famille névropathique, *Hérédité, prédisposition morbide, dégénérescence*, par le Dr CH. FÉRÉ, médecin de Bicêtre, avec gravures. 2e édition. 4 fr.

L'instinct sexuel. *Évolution, dissolution*, par *le même*. 2e éd. 4 fr.

Le traitement des aliénés dans les familles, par *le même*. 3e édition. 4 fr.

L'hystérie et son traitement, par le Dr PAUL SOLLIER. 4 fr.

Manuel de psychiatrie, par le Dr J. ROGUES DE FURSAC, ancien chef de clinique à la Faculté de Paris. 3e éd. 4 fr.

L'éducation physique de la jeunesse, par A. MOSSO, professeur à l'Univers. de Turin. Préface du commandant LEGROS. 4 fr.

Manuel de percussion et d'auscultation, par le Dr P. SIMON, professeur à la Faculté de médecine de Nancy, avec grav. 4 fr.

Morphinisme et Morphinomanie, par le Dr PAUL RODET. (*Couronné par l'Académie de médecine.*) 4 fr.

La fatigue et l'entraînement physique, par le Dr PH. TISSIÉ, avec gravures. Préface de M. le prof. BOUCHARD. 3e édition. 4 fr.

Les maladies de la vessie et de l'urèthre chez la femme, par le Dr KOLISCHER; trad. de l'allemand par le Dr BEUTTNER, de Genève; avec gravures. 4 fr.

Grossesse et accouchement, *Étude de socio-biologie et de médecine légale* par le Dr G. MORACHE, professeur de médecine légale à l'Université de Bordeaux. 4 fr.

Naissance et mort, *Étude de socio-biologie et de médecine légale*, par *le même*. 4 fr.

La responsabilité, *Étude de socio-biologie et de médecine légale*, par le Dr G. MORACHE, prof. de médecine légale à l'Université de Bordeaux, associé de l'Académie de médecine. 4 fr.

Traité de l'intubation du larynx *de l'enfant et de l'adulte, dans les sténoses laryngées aiguës et chroniques*, par le Dr A. BONAIN, avec 42 gravures. 4 fr.

Pratique de la chirurgie courante, par le Dr M. CORNET, Préface du Pr OLLIER, avec 111 gravures. 4 fr.

Dans la même collection :

COURS DE MÉDECINE OPÉRATOIRE

de M. le Professeur **Félix Terrier :**

Petit manuel d'antisepsie et d'asepsie chirurgicales, par les Drs FÉLIX TERRIER, professeur à la Faculté de médecine de Paris, et M. PÉRAIRE, ancien interne des hôpitaux, avec grav. 3 fr.

Petit manuel d'anesthésie chirurgicale, par *les mêmes*, avec 37 gravures. 3 fr.

L'opération du trépan, par *les mêmes*, avec 222 grav. 4 fr.

Chirurgie de la face, par les Drs FÉLIX TERRIER, GUILLEMAIN et MALHERBE, avec gravures. 4 fr.

Chirurgie du cou, par *les mêmes*, avec gravures. 4 fr.

Chirurgie du cœur et du péricarde, par les Drs FÉLIX TERRIER et E. REYMOND, avec 79 gravures. 3 fr.

Chirurgie de la plèvre et du poumon, par *les mêmes*, avec 67 gravures. 4 fr.

MÉDECINE

Dernières publications :

HARTENBERG (Dr P.). **L'Hystérie et les hystériques.** 1 vol. in-16. 3 fr. 50

JANET (Dr Pierre). **L'État mental des hystériques.** 2e édition. 1 vol. in-8, avec gravures dans le texte. 18 fr.

LEGUEU (Prof. F.). **Traité chirurgical d'urologie.** Préface de M. le Prof. GUYON. 1 fort vol. gr. in-8 de VIII-1382 p., avec 663 grav. dans le texte et 8 pl. en couleurs hors texte, cartonné à l'angl. 40 fr.

LÉVY (Dr P.-E.). **Neurasthénie et névroses.** *Leur guérison définitive en cure libre.* 2e édit. 1 vol. in-16. 5 fr.

MARIE (Dr A.). **Traité international de psychologie pathologique.** TOME I : *Psychopathologie générale*, par MM. les Prof. GRASSET, DEL GRECO, Dr A. MARIE, Prof. MALLY, MINGAZZINI, Drs DIDE, KLIPPEL, LEVADITI, LUGARO, MARINESCO, MÉDÉA, L. LAVASTINE, Prof. MARRO, CLOUSTON, BECHTEREW, FERRARI, Prof. CARRARRA. 1 vol. gr. in-8, avec 353 gr. dans le texte. 25 fr.

TOME II : *Psychopathologie clinique*, par MM. les Prs, BAGENOFF, BECHTEREW, Drs COLIN, CAPGRAS, DENY, HESNARD, LHERMITTE, MAGNAN, A. MARIE, Prs PICK, PILCZ, Drs RICHE, ROUBINOVITCH, SÉRIEUX, SOLLIER, Pr ZIEHEN, 1 vol. gr. in-8, avec 341 gr. 25 fr.

TOME III terminant l'ouvrage. (*Sous presse*).

MONOD (Pr Ch.) et VANVERTS (J.). **Chirurgie des artères,** *Rapport au XXIIe Congrès de chirurgie.* 1 vol. in-8. 2 fr.

REVERDIN (Pr J.-L.). **Leçons de chirurgie de guerre.** *Des blessures faites par les balles des fusils.* Préface de H. NIMIER. 1 vol. in-8, avec 7 pl. en phototypie hors texte. 7 fr. 50

STEWART (Dr PIERRE). **Le diagnostic des maladies nerveuses.** Traduction et adaptation française, par le Dr GUSTAVE SCHERB. Préface de M. le Dr E. HELME. 1 vol. in-8 avec 208 fig. et diagrammes. 15 fr.

PRÉCÉDEMMENT PARUS :

Pathologie et thérapeutique médicales.

BERGER et LOEWY. **Les troubles oculaires d'origine génitale chez la femme.** 1 vol. in-18. 3 fr. 50

CAMUS ET PAGNIEZ. **Isolement et psychotherapie.** *Traitement de la neurasthénie.* Préface du Pr DÉJERINE. 1 vol. gr. in-8. 9 fr.

CORNIL (V.), RANVIER, BRAULT ET LETULLE. **Manuel d'histologie pathologique.** 3e édition entièrement remaniée.

TOME I, par MM. RANVIER, CORNIL, BRAULT, F. BEZANÇON et M. CAZIN. — *Histologie normale. — Cellules et tissus normaux. — Généralités sur l'histologie pathologique. — Altération des cellules et des tissus. — Inflammations. — Tumeurs. — Notions sur les bactéries. — Maladies des systèmes et des tissus. — Altérations du tissu conjonctif.* 1 vol. in-8, avec 387 gravures en noir et en couleurs. 25 fr.

TOME II, par MM. DURANTE, JOLLY. DOMINICI, GOMBAULT et PHILIPPE. — *Muscles. — Sang et hématopoïèse. — Généralités sur le système nerveux.* 1 vol. in-8, avec 278 grav. en noir et en couleurs. 25 fr.

TOME III, par MM. GOMBAULT, NAGEOTTE, A. RICHE, R. MARIE, DURANTE, LEGRY, F. BEZANÇON. — *Cerveau.* — *Moelle.* — *Nerfs.* — *Cœur.* — *Larynx.* — *Ganglion lymphatique.* — *Rate.* 1 vol. in-8, avec 382 grav. en noir et en couleurs. 35 fr.

TOME IV ET DERNIER, par MM. MILIAN, DIEULAFÉ, HERPIN, DECLOUX, CRITZMANN, COURCOUX, BRAULT, LEGRY, HALLÉ, KLIPPEL et LEFAS. — *Poumon.* — *Bouche.* — *Tube digestif.* — *Estomac.* — *Intestin.* — *Foie.* — *Rein.* — *Vessie et urèthre.* — *Rate.* (*Sous presse*).

DESCHAMPS (A.). **Les maladies de l'énergie.** Les asthénies générales. *Épuisements, insuffisances, inhibitions.* (Clinique et Thérapeutique). Préface de M. le professeur RAYMOND. 1 vol. in-8. 2e édit. 8 fr. (*Couronné par l'Académie de médecine*).

FÉRÉ (Ch.). **Les épilepsies et les épileptiques.** 1 vol. gr. in-8, avec 12 planches hors texte et 67 grav. dans le texte. 20 fr.

— **La pathologie des émotions.** 1 vol. in-8. 12 fr.

FINGER (E.). **La syphilis et les maladies vénériennes.** Trad. de l'allemand avec notes par les docteurs SPILLMANN et DOYON. 3e édit. 1 vol. in-8, avec 8 planches hors texte. 12 fr.

FLEURY (Maurice de), de l'Académie de médecine. **Introduction à la médecine de l'esprit.** 8e édit. 1 vol. in-8. 7 fr. 50. (*Couronné par l'Académie française et par l'Académie de médecine.*)

— **Les grands symptômes neurasthéniques.** 4e édition, revue. 1 vol. in-8. (*Couronné par l'Académie des sciences.*) 7 fr. 50

— **Manuel pour l'étude des maladies du système nerveux.** 1 vol. gr. in-8, avec 132 grav. en noir et en couleurs, cart. à l'angl. 25 fr.

FRENKEL (H. S.). **L'ataxie tabétique.** *Ses origines, son traitement.* Préface de M. le Prof. RAYMOND. 1 vol. in-8. 8 fr.

GRASSET. **Les maladies de l'orientation et de l'équilibre.** 1 vol. in-8, cart. à l'angl. 6 fr.

— **Demifous et demiresponsables.** 2e édition. 1 vol. in-8.. 5 fr.

GUÉPIN. **Traitement de l'hypertrophie sénile de la prostate.** 1 vol. in-18. 4 fr. 50

HARTENBERG (P.). **Psychologie des neurasthéniques.** 2e édition. 1 vol. in-16. 3 fr. 50

JANET (P.) ET RAYMOND (F.). **Névroses et idées fixes.**

TOME I. — *Études expérimentales*, par P. JANET. 2e éd. 1 vol. gr. in-8 avec 68 gr. 12 fr.

TOME II. — *Fragments des leçons cliniques*, par F. RAYMOND et P. JANET 2e éd. 1 vol. grand in-8, avec 97 gravures. 14 fr

(*Couronné par l'Académie des Sciences et par l'Académie de médecine.*)

JANET (P.) ET RAYMOND (F.). **Les obsessions et la psychasthénie.**

TOME I. — *Études cliniques et expérimentales*, par P. JANET. 2e édit. 1 vol. gr. in-8, avec grav. dans le texte. 18 fr.

TOME II. — *Fragments des leçons cliniques*, par F. RAYMOND et P. JANET. 1 vol. in-8 raisin, avec 22 gravures dans le texte. 14 fr.

JOFFROY (le prof.) et DUPOUY. **Fugues et vagabondage.** 1 vol. in-8 . . . . 7 fr.

LABADIE-LAGRAVE ET LEGUEU. **Traité médico-chirurgical de gynécologie.** 3e édition entièrement remaniée. 1 vol. grand in-8, avec nombreuses fig., cart. à l'angl. 25 fr.

LAGRANGE (F.). **Les mouvements méthodiques et la « mécanothérapie ».** 1 vol. in-8, avec 55 gravures dans le texte. 10 fr.

— **La médication par l'exercice.** 1 vol. gr. in-8, avec 68 grav. et une planche en couleurs hors texte. 2e éd. 12 fr.

— **Le traitement des affections du cœur par l'exercice et le mouvement.** 1 vol. in-8 avec figures. 6 fr.

LE DANTEC (F.). **Introduction à la pathologie générale.** 1 fort vol. gr. in-8. 15 fr.

LEPINE (le prof. R.). **Le Diabète sucré.** 1 vol. gr. in-8. . . 16 fr.

MARVAUD (A.). **Les maladies du soldat**. 1 vol. grand in-8. (*Ouvrage couronné par l'Académie des sciences.*) 20 fr.

MOSSÉ. **Le diabète et l'alimentation aux pommes de terre.** 1 vol. in-8. 5 fr.

SERIEUX et CAPGRAS. **Les folies raisonnantes**. 1 vol. in-8. 7 fr.

SOLLIER (P.). **Genèse et nature de l'hystérie.** 2 vol. in-8. 20 fr.

UNNA. **Thérapeutique des maladies de la peau.** Traduit de l'allemand par les Drs DOYON et SPILLMANN. 1 vol. gr. in-8. 8 fr.

VOISIN (J.). **L'épilepsie**. 1 vol. in-8. 6 fr.

Pathologie et thérapeutique chirurgicales.

CORNIL (le prof. V.). **Les tumeurs du sein**. 1 vol. gr. in-8, avec 169 fig. dans le texte. 12 fr.

DE BOVIS. **Le cancer du gros intestin**. 1 volume in-8. 5 fr.

DELORME. **Traité de chirurgie de guerre**. 2 vol. gr. in-8. TOME I, 16 fr. — TOME II, 26 fr. (*Ouvrage couronné par l'Académie des sciences.*)

DURET (H.). **Les tumeurs de l'encéphale**. *Manifestations et chirurgie.* 1 fort vol. gr. in-8, avec 300 figures. 20 fr.

ESTOR. (le prof.) **Guide pratique de chirurgie infantile.** 1 vol. in-8, avec 165 gravures. 2e édition, revue et augmentée. 8 fr.

HENNEQUIN ET LOEWY. **Les luxations des grandes articulations, leur traitement pratique**. 1 vol. gr. in-8, avec 125 grav. dans le texte. 16 fr.

LEGUEU. **Leçons de clinique chirurgicale** (Hôtel-Dieu, 1901). 1 vol. grand in-8, avec 71 gravures dans le texte. 12 fr.

LIEBREICH. **Atlas d'ophtalmoscopie**, représentant l'état normal et les modifications pathologiques du fond de l'œil vues à l'ophtalmoscope. 3e éd. Atlas in-f° de 12 pl. en coul. et texte explicatif. 40 fr.

NIMIER (H.). **Blessures du crâne et de l'encéphale par coup de feu.** 1 vol. in-8, avec 150 fig. 15 fr.

NIMIER (H.) ET DESPAGNET. **Traité élémentaire d'ophtalmologie.** 1 fort vol. gr. in-8, avec 432 gravures. Cart. à l'angl. 20 fr.

NIMIER (H.) ET LAVAL. **Les projectiles de guerre** et leur action vulnérante. 1 vol. in-12, avec grav. 3 fr.

— **Les explosifs, les poudres, les projectiles d'exercice,** leur action et leurs effets vulnérants. 1 vol. in-12, avec grav. 3 fr.

— **Les armes blanches,** leur action et leurs effets vulnérants. 1 vol. in-12, avec grav. 6 fr.

— **De l'infection en chirurgie d'armée,** évolution des blessures de guerre. 1 vol. in-12, avec grav. 6 fr.

— **Traitement des blessures de guerre**. 1 fort vol. in-12, avec gravures. 6 fr.

F. TERRIER ET M. PÉRAIRE. **Manuel de petite chirurgie.** 8e édition, entièrement refondue. 1 fort vol. in-12, avec 572 fig., cartonné à l'anglaise. 8 fr.

— et AUVRAY (M.). **Chirurgie du foie et des voies biliaires.** — TOME I. *Traumatismes du foie et des voies biliaires. — Foie mobile. — Tumeurs du foie et des voies biliaires.* 1901. 1 vol. gr. in-8, avec 50 gravures. 10 fr.

TOME II. *Echinococcose hydatique commune. — Kystes alvéolaires. — Suppurations hépatiques. — Abcès tuberculeux intra-hépatique. — Abcès de l'actinomycose.* 1907. 1 vol. gr. in-8, avec 47 gravures. 12 fr.

Thérapeutique. Pharmacie. Hygiène.

BOSSU. **Petit compendium médical.** 6e édit. in-32, cart. 1 fr. 25

BOUCHARDAT. **Nouveau formulaire magistral.** 31e édition. *Collationnée avec le Codex de 1908.* 1 vol. in-18, cart. 4 fr.

BOUCHARDAT ET DESOUBRY **Formulaire vétérinaire,** 6e édit. 1 vol. in-18, cartonné. 4 fr.

BOUCHUT ET DESPRÉS. **Dictionnaire de médecine et de thérapeutique médicale et chirurgicale,** comprenant le résumé de la médecine et de la chirurgie, les indications thérapeutiques de chaque maladie, la médecine opératoire, les accouchements, l'oculistique, l'odontotechnie, les maladies d'oreilles, l'électrisation, la matière médicale, les eaux minérales, et un formulaire spécial pour chaque maladie, mis au courant de la science par les Drs MARION et F. BOUCHUT. 7e édition, très augmentée, 1 vol. in-4, avec 1097 fig. dans le texte et 3 cartes. Broché, 25 fr.; relié. 30 fr.

BOURGEOIS (G.). **Exode rural et tuberculose.** 1 vol. gr. in-8. 5 fr.

LAGRANGE (F.). **La médication par l'exercice.** 1 vol. grand in-8, avec 68 grav. et une carte en couleurs. 2e éd. 12 fr.

— **Les mouvements méthodiques et la « mécanothérapie ».** 1 vol. in-8, avec 55 gravures. 10 fr.

LAHOR (Dr Cazalis) et Lucien GRAUX. **L'alimentation à bon marché saine et rationnelle.** 1 vol. in-16. 2e édit. 3 fr. 50
(*Couronné par l'Institut*).

Anatomie. Physiologie.

BELZUNG. **Anatomie et physiologie végétales.** 1 fort volume in-8, avec 1700 gravures. 20 fr.

— **Anatomie et physiologie animales.** 10e édition revue. 1 fort volume in-8, avec 522 gravures dans le texte, broché, 6 fr.; cart. 7 fr.

BÉRAUD (B.-J.). **Atlas complet d'anatomie chirurgicale topographique,** composé de 109 planches représentant plus de 200 figures gravées sur acier, avec texte explicatif. 1 fort vol. in-4.
Prix : Fig. noires, relié, 60 fr. — Fig. coloriées, relié, 120 fr.

CHASSEVANT. **Précis de chimie physiologique.** 1 vol. gr. in-8, avec figures. 10 fr.

CORNIL (V.), RANVIER, BRAULT ET LETULLE. **Manuel d'histologie pathologique.** 3e édition entièrement remaniée.

TOME I, par MM. RANVIER, CORNIL, BRAULT, F. BEZANÇON et M. CAZIN. — *Histologie normale. — Cellules et tissus normaux. — Généralités sur l'histologie pathologique. — Altération des cellules et des tissus. — Inflammations. — Tumeurs. — Notions sur les bactéries. — Maladies des systèmes et des tissus. — Altérations du tissu conjonctif.* 1 vol. in-8, avec 387 gravures en noir et en couleurs. 25 fr.

TOME II, par MM. DURANTE, JOLLY, DOMINICI, GOMBAULT et PHILLIPE. — *Muscles. — Sang et hématopoïèse. — Généralités sur le système nerveux.* 1 vol. in-8, avec 278 grav. en noir et en couleurs. 25 fr.

TOME III, par MM. GOMBAULT, NAGEOTTE, A. RICHE, R. MARIE, DURANTE, LEGRY, F. BEZANÇON. — *Cerveau. — Moelle. — Nerfs. — Cœur. — Larynx. — Ganglion lymphatique. — Rate.* 1 vol. in-8, avec 382 grav. en noir et en couleurs. 35 fr.

TOME IV ET DERNIER, par MM. MILIAN, DIEULAFÉ, HERPIN, DECLOUX, CRITZMANN, COURCOUX, BRAULT, LEGRY, HALLÉ, KLIPPEL et LEFAS. — *Poumon. — Bouche. — Tube digestif. — Estomac. — Intestin. — Foie. — Rein. — Vessie et urèthre. — Rate.* (*Sous presse.*)

CYON (E. DE). **Les nerfs du cœur.** 1 vol. gr. in-8 avec fig. 6 fr.

DEBIERRE. **Traité élémentaire d'anatomie de l'homme.** Ouvrage complet en 2 volumes. (*Cour. par l'Acad. des Sciences*). 40 fr.

TOME I. *Manuel de l'amphithéâtre.* 1 vol. gr. in-8 de 950 pages, avec 450 figures en noir et en couleurs dans le texte. 20 fr.; — TOME II. 1 vol. gr. in-8, avec 515 fig. en noir et en couleurs dans le texte. 20 fr.

— **Atlas d'ostéologie,** comprenant les articulations des os et les insertions musculaires. 1 vol. in-4, avec 253 grav. en noir et en couleurs, cart. toile dorée. 12 fr.

— **Leçons sur le péritoine.** 1 vol. in-8, avec 58 figures. 4 fr.

— **Le cerveau et la moelle épinière.** 1 vol. in-8 illustré. 15 fr.

DEMENY (G.). **Mécanisme et éducation des mouvements.** 3e éd. 1 vol. in-8, avec grav. cart. 9 fr.

FAU. **Anatomie des formes du corps humain,** à l'usage des peintres et des sculpteurs. 1 atlas in-folio de 25 planches. Prix : Figures noires, 15 fr. — Figures coloriées. 30 fr.

FÉRÉ. **Travail et plaisir.** *Études de psycho-mécanique.* 1 vol. gr. in-8, avec 200 fig. 12 fr.

GELLÉ. **L'audition et ses organes.** 1 vol. in-8, avec grav. 6 fr.

GLEY (E.). **Études de psychologie physiologique et pathologique.** 1 vol. in-8 avec gravures. 5 fr.

JAVAL (E.). **Physiologie de la lecture et de l'écriture.** 1 vol. in-8. 2e édit. 6 fr.

LE DANTEC. **L'unité dans l'être vivant.** *Essai d'une biologie chimique.* 1 vol. in-8. 7 fr. 50

— **Les limites du connaissable.** *La vie et les phénomènes naturels.* 2e édit. 1 vol. in-8. 3 fr. 75

— **Traité de biologie.** 1 vol. grand in-8, avec fig., 2e éd. 15 fr.

PREYER. **Éléments de physiologie générale.** Traduit de l'allemand par M. J. SOURY. 1 vol. in-8. 5 fr.

RICHET (Ch.), professeur à la Faculté de médecine de Paris, **Dictionnaire de physiologie,** publié avec le concours de savants français et étrangers. Formera 12 à 15 volumes grand in-8, se composant chacun de 3 fascicules; chaque volume, 25 fr.; chaque fascicule, 8 fr. 50. Huit volumes parus.

TOME I (*A-Bac*). — TOME II (*Bac-Cer*). — TOME III (*Cer-Cob*). — TOME IV (*Cob-Dig*). — TOME V (*Dig-Fac*). — TOME VI (*Fiam-Gal*). — TOME VII (*Gal-Gra*). — TOME VIII (*Gra-Hys*).

SNELLEN. **Echelle typographique pour mesurer l'acuité de la vision.** 17e édition. 4 fr.

REVUE DE MÉDECINE

Directeurs: MM. les Professeurs BOUCHARD, de l'Institut; CHAUFFARD, CHAUVEAU, de l'Institut; LANDOUZY; LÉPINE, correspondant de l'Institut; PITRES; ROGER et VAILLARD. Rédacteurs en chef: MM. LANDOUZY et LÉPINE. Secrétaire de la Rédaction : Dr JEAN LÉPINE.

REVUE DE CHIRURGIE

Directeurs : MM. les Professeurs E. QUÉNU, PIERRE DELBET, PIERRE DUVAL, A. PONCET, F. LEJARS, F. GROSS, E. FORGUE, A. DESMONS, E. CESTAN. Rédacteur en chef; M. E. QUÉNU. Secrétaire adjoint : Dr X. DELORE.

La *Revue de médecine* et la *Revue de chirurgie*, paraissent tous les mois; chaque livraison de la *Revue de médecine* contient de 5 à 6 feuilles grand in-8, avec gravures; chaque livraison de la *Revue de chirurgie* contient de 10 à 11 feuilles grand in-8, avec gravures.

PRIX D'ABONNEMENT :

Pour la Revue de Médecine. Un an, du 1er Janvier, Paris. 20 fr. — Départements et étranger. 23 fr. — La livraison : 2 fr.

Pour la Revue de Chirurgie. Un an, Paris. 30 fr. — Départements et étranger. 33 fr. — La livraison : 3 fr.

Les **deux Revues** réunies : un an, Paris 45 fr. ; départ. et étranger. 50 fr.

BIBLIOTHÈQUE GÉNÉRALE DES SCIENCES SOCIALES

Secrétaire de la rédaction. DICK MAY, Secrét. gén. de l'Éc. des Hautes Études sociales.

Volumes in-8 carré de 300 pages environ, cart. à l'anglaise.

Chaque volume, 6 fr.

Derniers volumes publiés :

La Belgique et le Congo, par E. VANDERVELDE.

Médecine et pédagogie, par MM. le Dr ALBERT MATHIEU, le Dr GILLET, le Dr S. MÉRY, P. MALAPERT, le Dr LUCIEN BUTTE, le Dr PIERRE RÉGNIER, le Dr L. DUFESTEL, le Dr LOUIS GUINON, le Dr NOBÉCOURT. Préface de M. le Dr E. MOSNY, membre du Conseil supérieur d'hygiène.

La lutte contre le crime, par J.-L. DE LANESSAN.

L'individualisation de la peine, par R. SALEILLES, prof. à la Faculté de droit de l'Univ. de Paris, et G. MORIN, doc. 2e édition.

L'idéalisme social, par EUGÈNE FOURNIÈRE, 2e édit.

Ouvriers du temps passé (XVe et XVIe siècles), par H. HAUSER, professeur à l'Université de Dijon, 3e édition.

Les transformations du pouvoir, par G. TARDE, 2e édit.

Morale sociale, par MM. G. BELOT, MARCEL BERNÈS, BRUNSCHVICG, F. BUISSON, DARLU, DAURIAC, DELBET, CH. GIDE, M. KOVALEVSKY, MALAPERT, le R. P. MAUMUS, DE ROBERTY, G. SOREL, le PASTEUR WAGNER. Préface de M. ÉMILE BOUTROUX, de l'Institut. 2e édit.

Les enquêtes, *pratique et théorie*, par P. DU MAROUSSEM.

Questions de morale, par MM. BELOT, BERNÈS, F. BUISSON, A. CROISET, DARLU, DELBOS, FOURNIÈRE, MALAPERT, MOCH, D. PARODI, G. SOREL. 2e édit.

Le développement du catholicisme social, depuis l'encyclique *Rerum Novarum*, par MAX TURMANN. 2e édit.

Le socialisme sans doctrines, par A. MÉTIN. 2e édit.

L'éducation morale dans l'Université, par MM. LÉVY-BRUHL, DARLIN, M. BERNÈS, KORTZ, ROCAFORT, BIOCHE, Ph. GIDEL, MALAPERT, BELOT.

La méthode historique appliquée aux sciences sociales, par CH. SEIGNOBOS, professeur à l'Univ. de Paris. 2e édit.

Assistance sociale. *Pauvres et mendiants*, par PAUL STRAUSS.

L'hygiène sociale, par E. DUCLAUX, de l'Institut,

Le contrat de travail. *Le rôle des syndicats professionnels*, par P. BUREAU, professeur à la Faculté libre de droit de Paris.

Essai d'une philosophie de la solidarité, par MM. DARLU, RAUH, F. BUISSON, GIDE, X. LÉON, LA FONTAINE, E. BOUTROUX.

L'éducation de la démocratie, par MM. E. LAVISSE, A. CROISET, SEIGNOBOS, MALAPERT, LANSON, HADAMARD. 2e édit.

L'exode rural et le retour aux champs, par E. VANDERVELDE. 2e édit.

La lutte pour l'existence et l'évolution des sociétés, par J.-L. DE LANESSAN, ancien ministre.

La concurrence sociale et les devoirs sociaux, par LE MÊME.

La démocratie devant la science, par C. BOUGLÉ, chargé de cours à l'Université de Paris. 2e édit. revue.

L'individualisme anarchiste. *Max Stirner*, par V. BASCH, chargé de cours à l'Université de Paris.

Les applications sociales de la solidarité, par MM. P. BUDIN, CH. GIDE, H. MONOD, PAULET, ROBIN, SIEGFRIED, BROUARDEL.

La paix et l'enseignement pacifiste, par MM. FR. PASSY, CH. RICHET, D'ESTOURNELLES DE CONSTANT, E. BOURGEOIS, A. WEISS, H. LA FONTAINE, G. LYON.

Études sur la philosophie morale au XIXe siècle, par MM. BELOT, A. DARLU, M. BERNÈS, A. LANDRY, CH. GIDE, E. ROBERTY, R. ALLIER, H. LICHTENBERGER, L. BRUNSCHVICG.

Enseignement et démocratie, par MM. A. CROISET, DEVINAT, BOITEL, MILLERAND, APPELL, SEIGNOBOS, LANSON, CH.-V. LANGLOIS.

Religions et sociétés, par MM. TH. REINACH, A. PUECH, R. ALLIER, A. LEROY-BEAULIEU, LE Bon CARRA DE VAUX, H. DREYFUS.

Essais socialistes, *La religion, L'alcoolisme, L'art,* par E. VANDERVELDE, profess. à l'Université nouvelle de Bruxelles.

Le surpeuplement et les habitations à bon marché, par H. TUROT et H. BELLAMY.

L'individu, l'association et l'État, par E. FOURNIÈRE, prof. au Conservatoire des Arts et Métiers.

Les trusts et les syndicats de producteurs, par J. CHASTIN. (*Récompensé par l'Institut*).

Le droit de grève, par MM. CH. GIDE, H. BERTHÉLEMY, P. BUREAU, A. KEUFER, C. PERREAU, CH. PICQUENARD, A.-E. SAYOUS, F. FAGNOT, E. VANDERVELDE.

Morales et religions, par MM. G. BELOT, L. DORISON, AD. LODS, A. CROISET, W. MONOD, E. DE FAYE, A. PUECH, le baron CARRA DE VAUX, E. EHRHARDT, H. ALLIER, F. CHALLAYE.

La nation armée, par MM. le général BAZAINE-HAYTER, C. BOUGLÉ, E. BOURGEOIS, Cne BOURGUET, E. BOUTROUX, A. CROISET, G. DEMENY, G. LANSON, L. PINEAU, Cne POTEZ, F. RAUH.

La criminalité dans l'adolescence, par G.-L. DUPRAT. (*Couronné par l'Institut*).

LES MAITRES DE LA MUSIQUE

ÉTUDES D'HISTOIRE ET D'ESTHÉTIQUE

Publiées sous la direction de M. JEAN CHANTAVOINE

Collection honorée d'une souscription du Ministère des Beaux-Arts

Chaque volume in-8 de 250 pages environ, 3 fr. 50

Liste par ordre de publication :

Palestrina, par MICHEL BRENET. 3e édition.

César Franck, par VINCENT D'INDY. 5e édit.

* *

J.-S. Bach, par ANDRÉ PIRRO. 3ᵉ édit.
Beethoven, par JEAN CHANTAVOINE. 5ᵉ édit.
Mendelssohn, par CAMILLE BELLAIGUE, 3ᵉ édition.
Smetana, par WILLIAM RITTER.
Rameau, par LOUIS LALOY. 2ᵉ éd.
Moussorgsky, par M. D. CALVOCORESSI. 2ᵉ édition.
Haydn, par MICHEL BRENET. 2ᵉ édit.
Trouvères et Troubadours, par PIERRE AUBRY. 2ᵉ édit.
Wagner, par HENRI LICHTENBERGER. 3ᵉ édit.
Gluck, par JULIEN TIERSOT. 2ᵉ éd.
Liszt, par JEAN CHANTAVOINE. 2ᵉ édit.
Gounod, par CAMILLE BELLAIGUE. 2ᵉ éd.
Haendel, par ROMAIN ROLLAND. 2ᵉ édit.
Lully, par LIONEL DE LA LAURENCIE.
L'Art Grégorien, par AMÉDÉE GASTOUÉ.

BIBLIOTHÈQUE
D'HISTOIRE CONTEMPORAINE
Volumes in-16 et in-8

DERNIERS VOLUMES PUBLIÉS :

LES GRANDS TRAITÉS POLITIQUES. *Recueil des principaux textes diplomatiques depuis 1815 jusqu'à nos jours*, par *P. Albin*. Préface de *Maurice Herbette*. 1 vol. in-8 . . . . 10 fr.
ÉTUDES ET LEÇONS SUR LA RÉVOLUTION FRANÇAISE, par *A. Aulard*. *6ᵉ série*. 1 vol. in-16. . . . . 3 fr. 50
NOTRE EMPIRE COLONIAL, par *H. Busson*, *J. Fèvre et H. Hauser*. 1 vol. in-8 avec gravures et cartes. . . . . 5 fr.
NAPOLÉON ET LA CATALOGNE. *La Captivité de Barcelone (Février 1808-Janvier 1810)*. 1 vol. in-8 avec une carte hors texte. (Prix Pezrat 1910) . . . . 10 fr.
LA POLITIQUE EXTÉRIEURE DU PREMIER CONSUL (1800-1803). (*Napoléon et l'Europe*), par *E. Driault*. 1 vol. in-8. . . . . 7 fr.
HISTOIRE POLITIQUE ET SOCIALE (1815-1911). (*Évolution du monde moderne*), par *E. Driault et Monod*. 1 vol. in-16 avec gravures et cartes. 2ᵉ édit. 5 fr.
LES OFFICIERS DE L'ARMÉE ROYALE ET LA RÉVOLUTION, par le Lieut.-Colonel *Hartmann*. 1 vol. in-8 (*Couronné par l'Institut*). . . . 10 fr.
LA QUESTION SOCIALE ET LE SOCIALISME EN HONGRIE, par *G.-Louis Jaray*. 1 vol. in-8 avec 5 cartes hors texte . . . . 7 fr.
THOURET (1746-1794). *La vie et l'œuvre d'un constituant*, par *E. Lebègue*. 1 vol. in-8 . . . . 7 fr.
L'EUROPE ET LA POLITIQUE BRITANNIQUE (1882-1909), par *E. Lémonon*. Préface de M. *Paul Deschanel*. 1 vol. in-8 . . . . 10 fr.
LE SYNDICALISME CONTRE L'ÉTAT, par *Paul Louis*. 1 vol. in-16. 3 fr. 50
LA QUESTION SOCIALE EN ESPAGNE, par *Angel Marvaud*. 1 vol. in-8. 7 fr.
LA POLITIQUE DE PIE X, par *Maurice Pernot*. 1 vol. in-16 . . . 3 fr. 50
ESSAI POLITIQUE SUR ALEXIS DE TOCQUEVILLE, par *R. Pierre Marcel*. 1 vol. in-8 . . . . 7 fr.
LES QUESTIONS ACTUELLES DE POLITIQUE ÉTRANGÈRE EN ASIE, par MM. le *Baron de Courcel*, *P. Deschanel*, *P. Doumer*, *E. Étienne*, le *Général Lebon*, *Victor Bérard*, *R. de Caix*, *M. Revon*, *Jean Rodes*, le *Dʳ Rouire*. 1 vol. in-16 avec 4 cartes hors texte . . . . 3 fr. 50
LA CHINE NOUVELLE, par *Jean Rodes*. 1 vol. in-16 . . . . 3 fr. 50
LA VIE POLITIQUE DANS LES DEUX-MONDES, publiée sous la direction de M. *A. Viallate*, avec la collaboration de professeurs et d'anciens élèves de l'École des Sciences Politiques. 3ᵉ année, 1908-1909. 1 fort. vol. in-8. . . . . 10 fr.
HISTOIRE DU CATHOLICISME LIBÉRAL EN FRANCE (1828-1908), par *G. Weill*. 1 vol. in-16 . . . . 3 fr. 50

Précédemment parus :

EUROPE

HISTOIRE DE L'EUROPE PENDANT LA RÉVOLUTION FRANÇAISE, par *H. de Sybel*. Traduit de l'allemand par Mlle Dosquet. 6 vol. in-8. Chacun. 7 fr.
HIST. DIPLOMATIQUE DE L'EUROPE (1815-1878), par *Debidour*, 2 v. in-8. 18 fr.
LA QUESTION D'ORIENT, depuis ses origines jusqu'à nos jours, par *E. Driault* ; préface de *G. Monod*. 1 vol. in-8. 3e édit. . . . . 7 fr.
LA PAPAUTÉ, par *I. de Dœllenger*. Trad. de l'allemand. 1 vol. in-8. 7 fr.
QUESTIONS DIPLOMATIQUES DE 1904, par *A. Tardieu*. 1 vol. in-16. 3 fr. 50
LA CONFÉRENCE D'ALGÉSIRAS. *Histoire diplomatique de la crise marocaine (janvier-avril 1906)*, par *le même*. 3e édit. Revue et augmentée d'un appendice sur *Le Maroc après la conférence* (1906-1909). In-8. 10 fr.

FRANCE ET COLONIES

LA RÉVOLUTION FRANÇAISE, par *H. Carnot*. 1 vol. in-16. Nouv. éd. 3 fr. 50
LA THÉOPHILANTHROPIE ET LE CULTE DÉCADAIRE (1796-1801), par *A. Mathiez*. 1 vol. in-8. . . . . 12 fr.
CONTRIBUTIONS A L'HISTOIRE RELIGIEUSE DE LA RÉVOLUTION FRANÇAISE, par *le même*. 1 vol. in-16. . . . . 3 fr. 50
MÉMOIRES D'UN MINISTRE DU TRÉSOR PUBLIC (1780-1815), par le comte *Mollien*. Publié par *M. Gomel*. 3 vol. in-8. . . . . 15 fr.
CONDORCET ET LA RÉVOLUTION FRANÇAISE, par *L. Cahen*. 1 vol. in-8. 10 fr.
CAMBON ET LA RÉVOLUTION FRANÇAISE, par *F. Bornarel*. 1 vol. in-8. 7 fr.
LE CULTE DE LA RAISON ET LE CULTE DE L'ÊTRE SUPRÊME (1793-1794). Étude historique, par *A. Aulard*. 2e éd. 1 vol. in-16. . . . . 3 fr. 50
ÉTUDES ET LEÇONS SUR LA RÉVOLUTION FRANÇAISE, par *A. Aulard*. 5 vol. in-16. Chacun . . . . 3 fr. 50
VARIÉTÉS RÉVOLUTIONNAIRES, par *M. Pellet*. 3 vol. in-16. Chacun. 3 fr. 50
HOMMES ET CHOSES DE LA RÉVOLUTION, par *Eug. Spuller*. 1 vol. in-16. . . . . 3 fr. 50
LES CAMPAGNES DES ARMÉES FRANÇAISES (1792-1815), par *C. Vallaux*. 1 vol. in-16, avec 17 cartes. . . . . 3 fr. 50
LA POLITIQUE ORIENTALE DE NAPOLÉON (1806-1808), par *E. Driault*. 1 vol. in-8. . . . . 7 fr.
NAPOLÉON ET LA POLOGNE (1806-1807), par *Handelsman*. 1 vol. in-8. 5 fr.
DE WATERLOO A SAINTE-HÉLÈNE (20 juin-16 oct. 1815), par *J. Silvestre*, 1 vol. in-16. . . . . 3 fr. 50
LE CONVENTIONNEL GOUJON, par *L. Thénard et R. Guyot*. 1 vol. in-8. 5 fr.
HISTOIRE DE DIX ANS (1830-1840), par *Louis Blanc*. 5 vol. in-8. Chacun. 5 fr.
ASSOCIATIONS ET SOCIÉTÉS SECRÈTES SOUS LA DEUXIÈME RÉPUBLIQUE (1848-1851), par *J. Tchernoff*. 1 vol. in-8. . . . . 7 fr.
HISTOIRE DU SECOND EMPIRE, par *Taxile Delord*. 6 vol. in-8. Chac. 7 fr.
HISTOIRE DU PARTI RÉPUBLICAIN (1814-1870), par *G. Weill*. 1 v. in-8. 10 fr.
HISTOIRE DU MOUVEMENT SOCIAL (1852-1910), par *le même*. 1 v. in-8. 3e éd. refondue . . . . 10 fr.
HISTOIRE DE LA TROISIÈME RÉPUBLIQUE, par *E. Zevort* : I. *Présidence de M. Thiers*. 1 vol. in-8. 3e édit. 7 fr. — II. *Présidence du Maréchal*. 1 vol. in-8. 2e édit. 7 fr. — III. *Présidence de Jules Grévy*. 1 vol. in-8. 2e édition. 7 fr. — IV. *Présidence de Sadi-Carnot*. 1 vol. in-8. . . . 7 fr.
HISTOIRE DES RAPPORTS DE L'EGLISE ET DE L'ETAT EN FRANCE (1789-1870), par *A. Debidour*. 1 vol. in-8 (*Couronné par l'Institut*). . . . 12 fr.
L'ÉTAT ET LES EGLISES EN FRANCE, Des origines à la loi de séparation, par *J.-L. de Lanessan*. 1 vol. in-16. . . . . 3 fr. 50
LA SOCIÉTÉ FRANÇAISE SOUS LA TROISIÈME RÉPUBLIQUE, par *Marius-Ary Leblond*. 1 vol. in-8. . . . . 5 fr.
LA LIBERTÉ DE CONSCIENCE EN FRANCE (1598-1905), par *G. Bonet-Maury*. 1 vol. in-8, 2e édit. . . . . 5 fr.
LES CIVILISATIONS TUNISIENNES, par *P. Lapie*. 1 vol. in-16. . 3 fr. 50
LES COLONIES FRANÇAISES, par *P. Gaffarel*. 1 vol. in-8. 6e éd. . . 5 fr.
L'ŒUVRE DE LA FRANCE AU TONKIN, par *A. Gaisman*. 1 v. in-16. 3 fr. 50
LA FRANCE HORS DE FRANCE. *Notre émigration, sa nécessité, ses conditions*, par *J.-B. Piolet*. 1 vol. in-8 . . . . 10 fr.
L'INDO-CHINE FRANÇAISE (*Cochinchine, le Cambodge, l'Annam et le Tonkin*), par *J.-L. de Lanessan*. 1 vol. in-8, avec 5 cartes en couleurs. 15 fr.

L'Algérie, par *M. Wahl*. 1 vol. in-8. 5e éd., revue par *A. Bernard*. 5 fr.
Au Congo français. *La question internationale du Congo*, par *F. Challaye*. 1 vol. in-8. . . . . 5 fr.
La France moderne et le problème colonial (1815-1830), par *Ch. Schefer*. 1 vol. in-8. . . . . 7 fr.
L'Eglise catholique et l'Etat en France sous la troisième république (1870-1906), par *A. Debidour*. Tome I. 1870-1889. 1 vol. in-8. 7 fr.
Tome II, 1889-1906. 1 vol. in-8 . . . . 10 fr.
L'Eveil d'un monde. *L'œuvre de la France en Afrique occidentale*, par *L. Hubert*. 1 vol. in-16. . . . . 3 fr. 50
Régions et Pays de France, par *Fèvre et Hauser*. 1 vol. in-8 ill. 7 fr.

ALLEMAGNE

Le grand-duché de Berg (1806-1813), par *Ch. Schmidt*. 1 vol. in-8. 10 fr.
Histoire de la Prusse, de la mort de Frédéric II à la bataille de Sadowa, par *E. Véron*. 1 vol. in-18. 6e éd. . . . . 3 fr. 50
Les origines du socialisme d'État en Allemagne, par *Ch. Andler*. 2e édit. In-8. . . . . 7 fr.
L'Allemagne nouvelle et ses historiens (*Niebuhr*, *Ranke*, *Mommsen*, *Sybel*, *Treitschke*), par *A. Guilland*. 1 vol. in-8 . . . . 5 fr.
La démocratie socialiste allemande, par *E. Milhaud*. 1 vol. in-8. 10 fr.
La Prusse et la Révolution de 1848, par *P. Matter*. 1 v. in-16. 3 fr. 50
Bismarck et son temps, par *le même*. 3 vol. in-8, chacun. 10 fr. — I. *La préparation* (1815-1862). — II. *L'action* (1863-1870). — III. *Le triomphe et le déclin* (1870-1896). (*Ouvrage couronné par l'Institut*).

ANGLETERRE

Histoire contemporaine de l'Angleterre, depuis la mort de la reine Anne jusqu'à nos jours, par *H. Reynald*. 1 vol. in-16. 2e éd. 3 fr. 50
Le socialisme en Angleterre, par *Albert Métin*. 1 vol. in-16. 3 fr. 50
A travers l'Angleterre contemporaine, par *J. Mantoux*. 1 vol. in-16. Préface de G. Monod, de l'Institut. 1 vol. in-16. . . . . . . 3 fr. 50

AUTRICHE-HONGRIE

Les Tchèques et la Bohême contemporaine, par *Bourlier*, in-16. 3 fr. 50
Les races et les nationalités en Autriche-Hongrie, par *B. Auerbach*, 1 vol. in-8. 2e édit. (*Sous presse*) . . . . 5 fr.
Le pays magyar, par *R. Recouly*. 1 vol. in-16. . . . . 3 fr. 50
La Hongrie rurale, sociale et politique, par le *Comte J. de Mailath*.

ESPAGNE

Histoire de l'Espagne, depuis la mort de Charles III jusqu'à nos jours, par *H. Reynald*. 1 vol. in-16 . . . . 3 fr. 50

GRÈCE et TURQUIE

La Turquie et l'hellénisme contemporain, par *V. Bérard*. 1 vol. in-16. 6e éd. (*Ouvrage couronné par l'Académie française*) . . . . 3 fr. 50
Bonaparte et les îles Ioniennes (1797-1816), par *E. Rodocanachi*. 1 vol. in-8. . . . . 5 fr.

ITALIE

Histoire de l'unité italienne (1814-1871), *Bolton King*. 2 v. in-8. 15 fr.
Bonaparte et les républiques italiennes (1796-1799), par *P. Gaffarel*. 1 vol. in-8. . . . . 5 fr.
Napoléon en Italie (1800-1812), par *J.-E. Driault*. 1 vol. in-8. 10 fr.

SUISSE

Histoire du peuple suisse, par *Daendliker*. Introd. de *Jules Favre*. In-8. 5 fr.

ROUMANIE

Histoire de la Roumanie contemp. (1822-1900), par *Damé*. In-8. 7 fr.

AMÉRIQUE

Histoire de l'Amérique du Sud, par *Alf. Deberle*. In-16. 3e éd. 3 fr. 50
L'Industrie américaine, par *A. Viallate*, professeur à l'Ecole des Sciences politiques. 1 vol. in-8 . . . . 10 fr.

CHINE-JAPON

Histoire des relations de la Chine avec les puissances occidentales (1861-1902), par *H. Cordier*, de l'Instit. 3 vol. in-8, avec cartes. 30 fr

L'expédition de Chine de 1857-58, par *le même*. 1 vol. in-8. . . 7 fr.
L'expédition de Chine de 1860, par *le même*. 1 vol. in-8 . . . . 7 fr.
En Chine. *Mœurs et institutions*, par *M. Courant*. 1 vol. in-16. 3 fr. 50
Le drame chinois, par *Marcel Monnier*. 1 vol. in-16. . . . 2 fr. 50
Le protestantisme au Japon (1859-1907), par *R. Allier*. In-16. 3 fr. 50
La question d'Extrême-Orient, par *E. Driault*. 1 vol. in-8. . . 7 fr.

ÉGYPTE

La transformation de l'Égypte, par *Alb. Métin*. 1 vol. in-16. 3 fr. 50

INDE

L'Inde contemp. et le mouvement national, par *E. Piriou*. In-16. 3 fr. 50

QUESTIONS POLITIQUES ET SOCIALES

Le vandalisme révolutionnaire, par *E. Despois*. 1 vol. in-16. 4e éd. 3 fr. 50
Figures du temps passé, par *M. Dumoulin*. 1 vol. in-16. . . 3 fr. 50
Problèmes politiques et sociaux, par *E. Driault*. 2e éd. 1 vol. in-8. 7 fr.
Vue générale de l'histoire de la civilisation, par *le même*. 2 vol. in-16, illustrés. (*Récompensé par l'Institut*). . . . . 7 fr.
Le monde actuel, par *le même*. *Tableau politique et économique*. 1 v. in-8. . . . . 7 fr.
Souveraineté du peuple et gouvernement, par *E. d'Eichthal*, de l'Institut. 1 vol. in-16. . . . . 3 fr. 50
Sophismes socialistes et faits économiques, par *Yves Guyot*. 1 vol. in-16. . . . . 3 fr. 50
Les missions et leur protectorat, par *J.-L. de Lanessan*. 1 vol. in-16. . . . . 3 fr. 50
Le socialisme utopique, par *A. Lichtenberger*. 1 vol. in-16. 3 fr. 50
Le socialisme et la révolution française, par *le même*. 1 v. in-8. 5 fr.
L'ouvrier devant l'État, par *Paul Louis*. 1 vol. in-8. . . . . . 7 fr.
Histoire du mouvement syndical en France (1789-1906), par *le même*. . . . . 3 fr. 50
La dissolution des assemblées parlementaires, par *Paul Matter*. 1 vol. in-8. . . . . 5 fr.
La France et l'Italie devant l'histoire, par *J. Reinach*. 1 vol. in-8. 5 fr.
Le socialisme a l'Étranger. *Angleterre, Allemagne, Autriche, Italie, Espagne, Russie, Japon, États-Unis*, par MM. *J. Bardoux, G. Gidel, Kinzo. Gorai, G. Isambert, G. Louis-Jaray, A. Marvaud, Da Motta de San Miguel, P. Quentin-Bauchart, M. Revon, A. Tardieu*. 1 vol. in-16.. . . . . 3 fr. 50
Figures disparues, par *E. Spuller*. 3 vol. in-16, chacun . . . 3 fr. 50
L'éducation de la démocratie, par *le même*. 1 vol. in-16. . . 3 fr. 50
L'évolution politique et sociale de l'Église, par *le même*. 1 v. in-16. 3 fr. 50
La France et ses alliances. *La lutte pour l'équilibre*, par *A. Tardieu*. 1 vol. in-16. . . . . 3 fr. 50
La Vie politique dans les Deux Mondes, 1re année (1906-1907), par *A. Viallate*. 1 fort volume in-8. . . . . 10 fr.
Deuxième année (1907-1908). 1 vol. in-8. . . . . 10 fr.
L'École saint-simonienne, par *G. Weill*. 1 vol. in-16. . . 3 fr. 50

MINISTRES ET HOMMES D'ÉTAT

Chaque volume in-16, 2 fr. 50

Bismarck, par H. Welschinger.
Prim, par H. Léonardon.
Disraeli, par M. Courcelle.
Ôkoubo, ministre japonais, par M. Courant.
Chamberlain, par A. Viallate.

***

BIBLIOTHÈQUE UTILE

Élégants volumes in-32 de 192 pages chacun.
Chaque volume broché, **60** *cent.*

DERNIERS VOLUMES PARUS :

Collas et Driault. **Histoire de l'Empire ottoman** *jusqu'à la Révolution de 1909.*
Eisenmenger (G.) **Les Tremblements de Terre** avec gravures.
Faque. **L'Indo-Chine française.** *Cochinchine, Cambodge, Annam, Tonkin.* 2e édition, mise à jour jusqu'en 1910.
Yves Guyot. **Les Préjugés économiques.**

Acloque (A.). Les insectes nuisibles, ravages, moyens de destruction (avec fig.).
Amigues (E.). A travers le ciel.
Bastide. Les guerres de la Réforme. 5e édit.
Beauregard (H.). Zoologie générale (avec fig.).
Bellet. (D.). Les grands ports maritimes de commerce (avec fig.).
Bère. Histoire de l'armée française.
Berget (Adrien.) La viticulture nouvelle. (*Manuel du vigneron.*) 3e éd.
— La pratique des vins. 2e éd. (*Guide du récoltant*).
— Les vins de France. (*Manuel du consommateur.*)
Blerzy. Torrents, fleuves et canaux de la France. 3e édit.
— Les colonies anglaises. 2e édit.
Boillot. Les entretiens de Fontenelle sur la pluralité des mondes.
Bondois. (P). L'Europe contemporaine (1789-1879). 2e édit.
Bouant. Les principaux faits de la chimie (avec fig.).
— Hist. de l'eau (avec fig.).
Brothier. Histoire de la terre. 9e éd.
Buchez. Histoire de la formation de la nationalité française.
I. *Les Mérovingiens.* 6e éd. 1 v.
II. *Les Carlovingiens.* 2e éd. 1 v.
Carnot. Révolution française. 8e éd.
I. *Période de création,* 1789-1792.
II. *Période de défense,* 1792-1804.
Catalan. Notions d'astronomie 6e édit. (avec fig.).
Collas et Driault. Histoire de l'empire ottoman jusqu'à la révolution de 1909. 4e édit.
Collier. Premiers principes des beaux-arts (avec fig.).
Combes (L.). La Grèce ancienne. 4e édit.
Coste (A.). La richesse et le bonheur.
— Alcoolisme ou épargne. 6e édit.
Coupin (H.). La vie dans les mers (avec fig.).
Creighton. Histoire romaine.
Cruveilhier. Hygiène générale. 9e éd.
Dallet. La navigation aérienne (avec fig.).
Debidour (A.) Histoire des rapports de l'Église et de l'État en France (1789-1871). Abrégé par DUBOIS et SARTHOU.
Despois (Eug.). Révolution d'Angleterre. (1603-1688). 4e édit.
Doneaud (Alfred). Histoire de la marine française. 4e édit.
— Histoire contemporaine de la Prusse. 2e édit.
Dufour. Petit dictionnaire des falsifications. 4e édit.
Eisenmenger (G.). Les tremblements de terre.
Enfantin. La vie éternelle, passée, présente, future. 6e éd.
Faque (L.). L'Indo-Chine française. 2e éd. mise à jour jusqu'en 1910.
Ferrière. Le darwinisme. 9e éd.
Gaffarel (Paul). Les frontières françaises et leur défense. 2e édit.
Gastineau (B.). Les génies de la science et de l'industrie. 3e éd.
Geikie. La géologie (avec fig.). 5e éd.
Genevoix (F.). Les procédés industriels.
— Les Matières premières.
Gérardin. Botanique générale (avec fig.).
Girard de Rialle. Les peuples de l'Asie et de l'Europe.
Gossin (H.). La machine à vapeur. Histoire — emploi. (avec fig.)
Grove. Continents et océans, avec fig. 3e éd.

BIBLIOTHÈQUE DE PHILOSOPHIE CONTEMPORAINE

VOLUMES IN-16.

Brochés, 2 fr. 50.

Derniers volumes publiés :

Lord Avebury (Sir John Lubbock).
Paix et bonheur.

G. Compayré.
L'adolescence. 2e édit.

J. Delvolve.
Rationalisme et tradition.

Ch. Dunan.
Les deux idéalismes.

G. Dromard.
Les mensonges de la vie intérieure.

A. Joussain.
Le fondement psychologique de la morale.

N. Kostyleff.
La crise de la psychologie expérimentale.

P. Mendousse.
Du dressage à l'éducation.

D. Parodi.
Le problème moral et la pensée contemporaine.

Fr. Paulhan.
La logique de la Contradition.

Péladan.
La philosophie de Léonard de Vinci.

Dr J. Philippe et Dr G. Paul Boncour.
L'éducation des anormaux.

Fr. Queyrat.
La curiosité.

Th. Ribot.
Problèmes de psychologie affective.

Seillière.
Introduction à la philosophie de l'impérialisme.

Alaux.
Philosophie de Victor Cousin.

R. Allier.
Philosophie d'Ernest Renan. 3e éd.

L. Arréat.
La morale dans le drame. 3e édit.
Mémoire et imagination. 2e édit.
Les croyances de demain.
Dix ans de philosophie (1890-1900).
Le sentiment religieux en France.
Art et psychologie individuelle.

G. Aslan.
Expérience et invention en morale.

G. Ballet.
Langage intérieur et aphasie. 2e éd.

A. Bayet.
La morale scientifique. 2e édit.

Beaussire.
Antécédents de l'hégélianisme.

Bergson.
Le rire. 6e édit.

Binet.
Psychologie du raisonnement. 4e éd.

Hervé Blondel.
Les approximations de la vérité.

C. Bos.
Psychologie de la croyance. 2e éd.
Pessimisme, féminisme, moralisme.

M. Boucher.
Essai sur l'hyperespace. 2e éd.

C. Bouglé.
Les sciences sociales en Allemagne.
Qu'est-ce que la sociologie? 2e éd.

J. Bourdeau.
Les maîtres de la pensée. 6e éd.
Socialistes et sociologues. 2e édit.
Pragmatisme et modernisme.

E. Boutroux.
Conting. des lois de la nature. 6e éd.

Brunschvicg.
Introd. à la vie de l'esprit. 2e éd.
L'idéalisme contemporain.

C. Coignet.
Protestantisme français au XIXe siècle

G. Compayré.
L'adolescence.

Coste.
Dieu et l'âme. 2e édit.

Em. Cramaussel.
Le premier éveil intellectuel de l'enfant. 2e édit.

A. Cresson.
Bases de la philos. naturaliste.
Le malaise de la pensée philos.
La morale de Kant. 2e éd.

G. Danville.
Psychologie de l'amour. 5e édit.

L. Dauriac.
La psychol. dans l'Opéra français.

J. Delvolvé.
L'organisation de la conscience morale.

L. Dugas.
Psittacisme et pensée symbolique.
La timidité. 5e édit.
Psychologie du rire. 2e édit.
L'absolu.

L. Duguit.
Le droit social, le droit individuel et la transformation de l'État. 2e éd.

G. Dumas.
Le sourire.

Dunan.
Théorie psychologique de l'espace.

Duprat.
Les causes sociales de la folie.
Le mensonge. 2e édit

Durand (DE GROS).
Philosophie morale et sociale.

E. Durkheim.
Les règles de la méthode sociol. 5e éd.

E. d'Eichthal.
Cor. de S. Mill et G. d'Eichthal.
Pages sociales.

Encausse (PAPUS).
Occultisme et spiritualisme. 2e éd.

A. Espinas.
La philos. expériment. en Italie.

E. Faivre.
De la variabilité des espèces.

Ch. Féré.
Sensation et mouvement. 2e édit.
Dégénérescence et criminalité. 4e éd

E. Ferri.
Les criminels dans l'art.

Fierens-Gevaert.
Essai sur l'art contemporain. 2e éd.
La tristesse contemporaine. 5e éd.
Psychol. d'une ville. Bruges. 3e éd.
Nouveaux essais sur l'art contemp.

Maurice de Fleury.
L'âme du criminel. 2e éd.

Fonsegrive.
La causalité efficiente.

A. Fouillée.
Propriété sociale et démocratie. 4e édit.

E. Fournière.
Essai sur l'individualisme. 2e édit.

Gauckler.
Le beau et son histoire.

G. Geley.
L'être subconscient. 2e édit.

J. Girod.
Démocratie, patrie et humanité.

E. Goblot.
Justice et liberté. 2e édit.

A. Godfernaux.
Le sentiment et la pensée. 2e édit.

J. Grasset.
Les limites de la biologie. 6e édit.

G. de Greef.
Les lois sociologiques. 4e édit.

Guyau.
La genèse de l'idée de temps. 2e éd.

E. de Hartmann.
La religion de l'avenir. 7e édition.
Le Darwinisme. 9e édition.

R. C. Herckenrath.
Probl. d'esthétique et de morale.

Marie Jaëll.
L'intelligence et le rythme dans les mouvements artistiques.

W. James.
La théorie de l'émotion. 3e édit.

Paul Janet.
La philosophie de Lamennais.

Jankelevitch.
Nature et société.

A. Joussain.
Le fondement psychologique de la morale.

J. Lachelier.
Du fondement de l'induction. 5e éd.
Études sur le syllogisme.

C. Laisant.
L'Éducation fondée sur la science. 3e éd.

Mme Lampérière.
Le rôle social de la femme.

A. Landry.
La responsabilité pénale.

Lange.
Les émotions. 2e édit.

Lapie.
La justice par l'État.

Laugel.
L'optique et les arts.

Gustave Le Bon.
Lois psychol. de l'évol. des peuples. 10e éd.
Psychologie des foules. 16e éd.

F. Le Dantec.
Le déterminisme biologique. 3e éd.
L'individualité et l'erreur individualiste. 3e édit.
Lamarckiens et darwiniens. 3e éd.

G. Lefèvre.
Obligation morale et idéalisme.

Liard.
Les logiciens anglais contem. 5e éd.
Définitions géométriques. 3e édit.

H. Lichtenberger.
La philosophie de Nietzsche. 12e éd.
Aphorismes de Nietzsche. 5e éd.

O. Lodge.
La vie et la matière. 2e édit.

John Lubbock.
Le bonheur de vivre. 2 vol. 11e éd.
L'emploi de la vie. 7e édit.

Herbert Spencer.
Classification des sciences. 9ᵉ édit.
L'individu contre l'Etat. 8ᵉ éd.
L'association en psychologie.

Stuart Mill.
Correspondance avec G. d'Eichthal.
Auguste Comte et la philosophie positive. 8ᵉ édition.
L'utilitarisme. 6ᵉ édition.
La liberté. 3ᵉ édit.

Sully Prudhomme.
Psychologie du libre arbitre.

Sully Prudhomme et Ch. Richet.
Le probl. des causes finales. 4ᵉ éd.

Tanon.
L'évol. du droit et la consc. soc. 3ᵉ éd.

Tarde.
La criminalité comparée. 7ᵉ éd.
Les transformations du droit. 6ᵉ éd.
Les lois sociales. 6ᵉ édit.

J. Taussat.
Le monisme et l'animisme.

Thamin.
Éducation et positivisme. 3ᵉ éd.

P.-F. Thomas.
La suggestion, son rôle. 5ᵉ édit.
Morale et éducation. 2ᵉ éd.

Wundt.
Hypnotisme et suggestion. 4ᵉ édit.

Zeller.
Christ. Baur et l'école de Tubingue.

Th. Ziegler.
La question sociale 4ᵉ éd.

VOLUMES IN-8.

Brochés, à 3.75, 5, 7.50 et 10 fr.

Derniers volumes publiés :

R. Brugeilles.
Le droit et la sociologie. 3 fr. 75

L. Cellérier.
Esquisse d'une science pédagogique. 7 fr. 50

E. de Cyon.
Dieu et science. 7 fr. 50

A. Darbon.
L'Explication mécanique et le nominalisme. 3 fr. 75

J. Dubois.
Le problème pédagogique. 7 fr. 50

E. Durkheim.
L'année sociologique, tome XI, 1906-1909. 15 fr.

H. Ebbinghaus.
Précis de psychologie. 5 fr.

R. Eucken.
Les grands courants de la pensée contemporaine. 10 fr.

A. Fouillée.
La démocratie politique et sociale en France. 3 fr. 75

J.-J. Gourd.
Philosophie de la religion. 5 fr.

O. Hamelin.
Le système de Descartes. 7 fr. 50

Ch. Lalo.
Les sentiments esthétiques. 5 fr.

G. Lechalas.
Étude sur l'espace et le temps. 2ᵉ édition. 5 fr.

L. Lévy-Bruhl.
Les fonctions mentales dans les sociétés inférieures. 7 fr. 50

A. Matagrin.
La psychologie sociale de Gabriel Tarde. 5 fr.

P. Mendousse.
L'âme de l'adolescent. 5 fr.

Nordau.
Le sens de l'histoire. 7 fr. 50

J. Novicow.
La critique du Darwinisme social. 7 fr. 50

C. Piat.
La morale du bonheur. 5 fr.

F. Pillon.
L'année philosophique, 20ᵉ année, 1909. 5 fr.

Ed. Roehrich.
Philosophie de l'éducation. 5 fr.

Jean d'Udine.
L'art et le geste. 5 fr.

Ch. Adam.
La philosophie en France (première moitié du XIXᵉ siècle). 7 fr. 50

Arréat.
Psychologie du peintre. 5 fr.

Dʳ L. Aubry.
La contagion du meurtre. 5 fr.

Alex. Bain.
La logique inductive et déductive. 5ᵉ édit. 2 vol. 20 fr.

J.-M. Baldwin.
Le développement mental chez l'enfant et dans la race. 7 fr. 50

J. Bardoux.
Psychol. de l'Angleterre contemp. (*les crises belliqueuses*). 7 fr. 50
Psychologie de l'Angleterre contemporaine (*les crises politiques*). 5 fr.

Barthélemy Saint-Hilaire.
La philosophie dans ses rapports avec les sciences et la religion. 5 fr.

Barzelotti.
La philosophie de H. Taine. 7 fr. 50

A. Bayet.
L'idée de bien. 3 fr. 75

Bazaillas.
Musique et inconscience. 5 fr.
La vie personnelle. 5 fr.

G. Belot.
Études de morale positive. 7 fr. 50

H. Bergson.
Essai sur les données immédiates de la conscience. 7e édit. 3 fr. 75
Matière et mémoire. 6e édit. 5 fr.
L'évolution créatrice. 7e éd. 7 fr. 50

R. Berthelot.
Evolutionnisme et platonisme. 5 fr.

A. Bertrand.
L'enseignement intégral. 5 fr.
Les études dans la démocratie. 5 fr.

A. Binet.
Les révélations de l'écriture. 5 fr.

C. Bloch.
La philosophie de Newton. 10 fr.

J.-H. Boex-Borel.
(*J.-H. Rosny aîné*).
Le pluralisme. 5 fr.

Em. Boirac.
L'idée du phénomène. 5 fr.
La psychologie inconnue. 5 fr.

Bouglé.
Les idées égalitaires. 2e éd. 3 fr. 75
Essais sur le régime des castes. 5 fr.

L. Bourdeau.
Le problème de la mort. 4e éd. 5 fr.
Le problème de la vie. 7 fr. 50

Bourdon.
L'expression des émotions. 7 fr. 50

Em. Boutroux.
Études d'histoire de la philosophie. 2e édit. 7 fr. 50

Braunschvig.
Le sentiment du beau et le sentiment politique. 7 fr. 50

L. Bray.
Du beau. 5 fr.

Brochard.
De l'erreur. 2e éd. 5 fr.

M. Brunschvicg.
Spinoza. 2e édit. 3 fr. 75
La modalité du jugement. 5 fr.

L. Carrau.
Philosophie religieuse en Angleterre. 5 fr.

Ch. Chabot.
Nature et moralité. 5 fr.

A. Chide.
Le mobilisme moderne. 5 fr.

Clay.
L'alternative. 2e éd. 10 fr.

Collins.
Résumé de la phil. de H. Spencer. 4e éd. 10 fr.

Cosentini.
La sociologie génétique. 3 fr. 75

A. Coste.
Principes d'une sociol. obj. 3 fr. 75
L'expérience des peuples. 10 fr.

C. Couturat.
Les principes des mathématiques. 5 f.

Crépieux-Jamin.
L'écriture et le caractère. 5e éd. 7.50

A. Cresson.
Morale de la raison théorique. 5 fr.

Dauriac.
Essai sur l'esprit musical. 5 fr.

H. Delacroix.
Etudes d'histoire et de psychologie du mysticisme. 10 fr.

Delbos.
Philos. pratique de Kant. 12 fr. 50

J. Delvaille.
La vie sociale et l'éducation. 3 fr. 75

J. Delvolve.
Religion, critique et philosophie positive chez Bayle. 7 fr. 50

Draghicesco.
L'individu dans le déterminisme social. 7 fr. 50
Le problème de la conscience. 3 fr. 75

L. Dugas.
Le problème de l'éducat. 2e éd. 5 fr.

G. Dumas.
St-Simon et Auguste Comte. 5 fr

G.-L. Duprat.
L'instabilité mentale. 5 fr.

Duproix.
Kant et Fichte. 2e édit. 5 fr.

Durand (de Gros).
Taxinomie générale. 5 fr.
Esthétique et morale. 5 fr.
Variétés philosophiques. 2e éd. 5 fr.

E. Durkheim.
De la div. du trav. soc. 2e éd. 7 fr. 50
Le suicide, étude sociolog. 7 fr. 50
L'année sociologique. 10 volumes :
1re à 5e années. Chacune. 10 fr.
6e à 10e. Chacune. 12 fr. 50

V. Egger.
La parole intérieure. 2e éd. 5 fr.

Dwelshauvers.
La synthèse mentale. 5 fr.

A. Espinas.
La philosophie sociale au XVIIIe siècle et la Révolution. 7 fr. 50

Enriques.
Les problèmes de la science et la logique. 3 fr. 75

F. Evellin.
La raison pure et les antinomies. 5 fr.

G. Ferrero.
Les lois psychologiques du symbolisme. 5 fr.

Enrico Ferri.
La sociologie criminelle. 10 fr.

Louis Ferri.
La psychologie de l'association, depuis Hobbes. 7 fr. 50

J. Finot.
Le préjugé des races. 3e éd. 7 fr. 50
Philos. de la longévité. 12e éd. 5 fr.

Fonsegrive.
Le libre arbitre. 2e éd. 10 fr.

M. Foucault.
La psychophysique. 7 fr. 50
Le rêve. 5 fr.

Alf. Fouillée.
Liberté et déterminisme. 5e éd. 7 fr. 50
Critique des systèmes de morale contemporains. 5e éd. 7 fr. 50
La morale, l'art et la religion, d'après Guyau. 6e éd. 3 fr. 75
L'avenir de la métaphys. 2e éd. 5 fr.
Évolutionnisme des idées-forces. 4e éd. 7 fr. 50
La psychologie des idées-forces. 2e édit. 2 vol. 15 fr.
Tempérament et caractère. 3e éd. 7 fr. 50
Le mouvement idéaliste. 2e éd. 7 fr. 50
Le mouvement positiviste. 2e éd. 7.50
Psych. du peuple français. 3e éd. 7.50
La France au point de vue moral. 3e édit. 7 fr. 50
Esquisse psychologique des peuples européens. 4e édit. 10 fr.
Nietzsche et l'immoralisme. 2e éd. 5 f.
Le moralisme de Kant et l'amoralisme contemporain. 2e éd. 7 fr. 50
Éléments sociol. de la morale. 2e édit. 7 fr. 50
La morale des idées-forces. 7 fr. 50
Le socialisme et la sociologie réformiste. 7 fr. 50

E. Fournière.
Théories social. au XIXe siècle. 7 fr. 50

G. Fulliquet.
L'obligation morale. 7 fr. 50

Garofalo.
La criminologie. 5e édit. 7 fr. 50
La superstition socialiste. 5 fr.

L. Gérard-Varet.
L'ignorance et l'irréflexion. 5 fr.

E. Gley.
Études de psycho-physiologie. 5 fr.

G. Gory.
L'immanence de la raison dans la connaissance sensible. 5 fr.

R. de la Grasserie.
De la psychologie des religions. 5 fr.

J. Grasset.
Demifous et demiresponsables. 5 fr.
Introduction physiologique à l'étude de la philosophie. 2e éd. 5 fr.

G. de Greef.
Le transformisme social. 2e éd. 7 fr. 50
La sociologie économique. 3 fr. 75

K. Groos.
Les jeux des animaux. 7 fr. 50

Gurney, Myers et Podmore
Les hallucin. télépath. 4e éd. 7 fr. 50

Guyau.
La morale angl. cont. 5e éd. 7 fr. 50
Les problèmes de l'esthétique contemporaine. 6e éd. 5 fr.
Esquisse d'une morale sans obligation ni sanction. 9e éd. 5 fr.
L'irréligion de l'avenir. 13e éd. 7 fr. 50
L'art au point de vue sociol. 8e éd. 7 fr. 50
Éducation et hérédité. 10e éd. 5 fr.

E. Halévy.
La form. du radicalisme philos.
I. *La jeunesse de Bentham.* 7 fr. 50
II. *Évol. de la doctr. utilitaire,* 1789-1815. 7 fr. 50
III. *Le radicalisme philos.* 7 fr. 50

O. Hamelin.
Les éléments de la représentation. 7 fr. 50

Hannequin.
L'hypoth. des atomes. 2e éd. 7 fr. 50
Études d'histoire des sciences et d'histoire de la philosophie. 2 vol. 15 fr.

P. Hartenberg.
Les timides et la timidité. 3e éd. 5 fr.
Physionomie et caractère. 5 fr.

Hébert.
Évolut. de la foi catholique. 5 fr.
Le divin. 5 fr.

C. Hémon.
Philos. de Sully Prudhomme. 7 fr. 50

Hermant et Van de Waele
Les principales théories de la logique contemporaine. 5 fr.

G. Hirth.
Physiologie de l'art. 5 fr.

H. Höffding.
Esquisse d'une psychologie fondée sur l'expérience. 4e édit. 7 fr. 50
Hist. de la philos. moderne. 2e édit. 2 vol. 20 fr.
Philosophie de la religion. 7 fr. 50

Hubert et Mauss.
Mélanges d'histoire des religions. 5 fr.

Ioteyko et Stefanowska.
Psycho-physiologie de la douleur. 5 fr.

Isambert.
Les idées socialistes en France (1815-1848). 7 fr. 50

Izoulet.
La cité moderne. 7e édit. 10 fr.

Jacoby.
La sélect. chez l'homme. 2e éd. 10 fr.

Paul Janet.
Œuvres philosophiques de Leibniz. 2e édition. 2 vol. 20 fr.

Pierre Janet.
L'automatisme psychol. 6e éd. 7 fr. 50

J. Jastrow.
La subconscience. 7 fr. 50

J. Jaurès.
Réalité du monde sensible. 2e édit. 7 fr. 50

Karppe.
Études d'hist. de la philos. 3 fr. 75

A. Keim.
Helvétius. 10 fr.

P. Lacombe.
Individus et sociétés selon Taine. 7 fr. 50

A. Lalande.
La dissolution opposée à l'évolution. 7 fr. 50

Ch. Lalo.
Esthétique musicale scientifique. 5 f.
L'esthétique expérim. cont. 3 fr. 75

A. Landry.
Principes de morale rationnelle. 5 fr.

De Lanessan.
La morale naturelle. 10 fr.
La morale des religions. 10 fr.

P. Lapie.
Logique de la volonté. 7 fr. 50

Lauvrière.
Philosophes contemporains. 2e édit. 3 fr. 75

E. de Laveleye.
De la propriété et de ses formes primitives. 5e édit. 10 fr.
Le gouvernement dans la démocratie. 3e éd. 2 vol. 15 fr.

M.-A. Leblond.
L'idéal du XIXe siècle. 5 fr.

Gustave Le Bon.
Psych. du socialisme. 6e éd. 7 fr. 50

G. Lechalas.
Études esthétiques. 5 fr.

Lechartier.
David Hume, moraliste et sociologue. 5 fr.

Leclère.
Le droit d'affirmer. 5 fr.

F. Le Dantec.
L'unité dans l'être vivant. 7 fr. 50
Limites du connaissable. 3e édit. 3 fr. 75

Xavier Léon.
La philosophie de Fichte. 10 fr.

Leroy (E.-B.).
Le langage. 5 fr.

A. Lévy.
La philosophie de Feuerbach. 10 fr.
Edgar Poë. Sa vie. Son œuvre. 10 fr.

L. Lévy-Bruhl.
La philosophie de Jacobi. 5 fr.
Lettres de Stuart Mill à Comte. 10 fr.
La philos. d'Aug. Comte. 2e éd. 7 fr. 50
La morale et la science des mœurs. 4e éd. 5 fr.

Liard.
Science positive et métaphysique. 4e édit. 7 fr. 50
Descartes. 2e édit. 5 fr.

H. Lichtenberger.
Richard Wagner, poète et penseur. 5e édit. 10 fr.
Henri Heine penseur. 3 fr. 75

Lombroso.
La femme criminelle et la prostituée 1 vol. avec planches. 15 fr.
Le crime polit. et les révol. 2 v. 15 f.
L'homme criminel. 3e édit. 2 vol., avec atlas. 36 fr.
Le crime. 2e éd. 10 fr.
L'homme de génie (avec planches). 4e édit. 10 fr.

E. Lubac.
Système de psychol. rationn. 3 fr. 75

G. Luquet.
Idées générales de psychol. 5 fr.

G. Lyon.
L'idéalisme en Angleterre au XVIIIe siècle. 7 fr. 50
Enseignement et religion. 3 fr. 75

P. Malapert.
Les éléments du caractère. 2e éd. 5 fr.
Marion.
La solidarité morale. 6e édit. 5 fr.
Fr. Martin.
La perception extérieure et la science positive. 5 fr.
J. Maxwell.
Les phénomènes psych. 4e éd. 5 fr.
E. Meyerson.
Identité et réalité. 7 fr. 50
Max Muller.
Nouv. études de mythol. 12 fr. 50
Myers.
La personnalité humaine. 3e éd. 7.50
E. Naville.
La logique de l'hypothèse. 2e éd. 5 fr.
La définition de la philosophie. 5 fr.
Les philosophies négatives. 5 fr.
Le libre arbitre. 2e édition. 5 fr.
Les philosophies affirmatives. 7 fr. 50
J.-P. Nayrac.
L'attention. 3 fr. 75
Max Nordau.
Dégénérescence. 2 v. 7e éd. 17 fr. 50
Les mensonges conventionnels de notre civilisation. 10e éd. 5 fr.
Vus du dehors. 5 fr.
Novicow.
Luttes entre soc. humaines. 2e éd. 10 f.
Gaspillages des soc. mod. 2e éd. 5 fr.
Justice et expansion de la vie. 7 fr. 50
H. Oldenberg.
Le Bouddha. 2e éd. 7 fr. 50
La religion du Véda. 10 fr.
Ossip-Lourié.
La philosophie russe contemp. 5 fr.
Psychol. des romanciers russes au XIXe siècle. 7 fr. 50
Ouvré.
Form. littér. de la pensée grecq. 10 fr.
G. Palante.
Combat pour l'individu. 3 fr. 75
Fr. Paulhan.
Les caractères. 3e édition. 5 fr.
Les mensonges du caractère. 5 fr.
Le mensonge de l'art. 5 fr.
Payot.
L'éducation de la volonté. 34e éd. 5 fr.
La croyance. 3e éd. 5 fr.
Jean Pérès.
L'art et le réel. 3 fr. 75
Bernard Perez.
Les trois premières années de l'enfant. 5e édit. 5 fr.
L'enfant de 3 à 7 ans. 4e éd. 5 fr.
L'éd. mor. dès le berceau. 4e éd. 5 fr.
L'éd. intell. dès le berceau. 2e éd. 5 fr.
C. Piat.
La personne humaine. 7 fr. 50
Destinée de l'homme. 5 fr.

Picavet.
Les idéologues. 10 fr.
Piderit.
La mimique et la physiognomonie, avec 95 fig. 5 fr.
Pillon.
L'année philos. 20 vol., chacun. 5 fr.
J. Pioger.
La vie et la pensée. 5 fr.
La vie sociale, la morale et le progrès. 5 fr.
L. Prat.
Le caractère empirique et la personne. 7 fr. 50
Preyer.
Éléments de physiologie. 5 fr.
L. Proal.
Le crime et la peine. 3e éd. 10 fr.
La criminalité politique. 2e éd. 5 fr.
Le crime et le suicide passionn. 10 f.
G. Rageot.
Le succès. 3 fr. 75
F. Rauh.
De la méthode dans la psychologie des sentiments. 2e éd. 5 fr.
L'expérience morale. 3 fr. 75
Récéjac.
La connaissance mystique. 5 fr.
G. Renard.
La méthode scientifique de l'histoire littéraire. 10 fr.
Renouvier.
Les dilem. de la métaph. pure. 5 fr.
Hist. et solut. des problèmes métaphysiques. 7 fr. 50
Le personnalisme. 10 fr.
Critique de la doctrine de Kant. 7.50
Science de la morale. Nouvelle édit. 2 vol. 15 fr.
G. Revault d'Allonnes.
Psychologie d'une religion. 5 fr.
Les inclinations. 3 fr. 75
A. Rey.
La théorie de la physique chez les physiciens contemp. 7 fr. 50
Ribéry.
Classification des caractères. 3 fr. 75
Th. Ribot.
L'hérédité psycholog. 9e éd. 7 fr. 50
La psychologie anglaise contemporaine. 3e éd. 7 fr. 50
La psychologie allemande contemporaine. 7e éd. 7 fr. 50
La psych. des sentim. 7e éd. 7 fr. 50
L'évol. des idées générales. 3e éd. 5 fr.
L'imagination créatrice. 3e éd. 5 fr.
Logique des sentiments. 2e éd. 3 f. 75
Essai sur les passions. 3e éd. 3 fr. 75
Ricardou.
De l'idéal. 5 fr.

G. Richard.
L'idée d'évolution dans la nature et dans l'histoire. 7 fr. 50

H. Riemann.
Elém. de l'esthétiq. musicale. 5 fr.

E. Rignano.
Transmissibilité des caractères acquis. 5 fr.

A. Rivaud.
Essence et existence chez Spinoza. 3 fr. 75

E. de Roberty.
Ancienne et nouvelle philos. 7 fr. 50
La philosophie du siècle. 5 fr.
Nouveau programme de sociol. 5 fr.
Sociologie de l'action. 3 fr. 75

G. Rodrigues.
Le problème de l'action. 3 fr. 75

F. Roussel-Despierres.
Liberté et beauté. 7 fr. 50

Romanes.
L'évol. ment. chez l'homme. 7 fr. 50

Russell.
La philosophie de Leibniz. 3 fr. 75

Ruyssen.
Évolut. psychol. du jugement. 5 fr.

A. Sabatier.
Philosophie de l'effort. 2e éd. 7 fr. 50

Emile Saigey.
La physique de Voltaire. 5 fr.

G. Saint-Paul.
Le langage intérieur. 5 fr.

E. Sanz y Escartin.
L'individu et la réforme sociale. 7.50

F. Schiller.
Etudes sur l'humanisme. 10 fr.

A. Schinz.
Anti-pragmatisme. 5 fr.

Schopenhauer.
Aphorismes sur la sagesse dans la vie. 9e éd. 5 fr.
Le monde comme volonté et représentation. 5e éd. 3 vol. 22 fr. 50

Séailles.
Ess. sur le génie dans l'art. 2e éd. 5 fr.
Philosoph. de Renouvier. 7 fr. 50

Sighele.
La foule criminelle. 2e édit. 5 fr.

Sollier.
Psychologie de l'idiot et de l'imbécile. 2e éd. 5 fr.
Le problème de la mémoire. 3 fr 75
Le mécanisme des émotions. 5 fr.
Le doute. 7 fr. 50

Souriau.
L'esthétique du mouvement. 5 fr.
La beauté rationnelle. 10 fr.
La suggestion dans l'art. 2e édit. 5 fr.

Spencer (Herbert).
Les premiers principes. 11e éd. 10 fr.
Principes de psychologie. 2 vol. 20 fr.
Princip. de biologie. 6e éd. 2 v. 20 fr.
Princip. de sociol. 5 vol. 43 fr. 75
I. *Données de la sociologie*, 10 fr. — II. *Inductions de la sociologie. Relations domestiques*, 7 fr. 50. — III. *Institutions cérémonielles et politiques*, 15 fr. — IV. *Institutions ecclésiastiques*, 3 fr. 75. — V. *Institutions professionnelles*, 7 fr. 50.
Justice. 3e éd. 7 fr. 50
Rôle moral de la bienfaisance. 7.50
Morale des différents peuples. 7.50
Problèmes de morale et de sociologie. 2e éd. 7 fr. 50
Essais sur le progrès. 5e éd. 7 fr. 50
Essais de politique. 4e éd. 7 fr. 50
Essais scientifiques. 3e éd. 7 fr. 50
De l'éducation. 13e édit. 5 fr.
Une autobiographie. 10 fr.

P. Stapfer.
Questions esthétiques et religieuses 3 fr. 75

Stein.
La question sociale au point de vue philosophique. 10 fr.

Stuart Mill.
Mes mémoires. 5e éd. 5 fr.
Système de logique. 2 vol. 20 fr.
Essais sur la religion. 4e édit. 5 fr.
Lettres à Auguste Comte.

James Sully.
Le pessimisme. 2e éd. 7 fr. 50
Essai sur le rire. 7 fr. 50

Sully Prudhomme.
La vraie religion selon Pascal. 7 f. 50
Le lien social. 3 fr. 75

G. Tarde.
La logique sociale. 3e édit. 7 fr. 50
Les lois de l'imitation. 5e éd. 7 fr. 50
L'opposition universelle. 7 fr. 50
L'opinion et la foule. 3e édit. 5 fr.

Em. Tardieu.
L'ennui. 5 fr.

P.-Félix Thomas.
L'éducation des sentiments. 5e éd. 5 fr.
Pierre Leroux. Sa philosophie. 5 fr.

P. Tisserand.
L'anthropologie de Maine de Biran. 10 fr.

Et. Vacherot.
Essais de philosophie critique. 7 f. 50
La religion. 7 fr. 50

I. Waynbaum.
La physionomie humaine. 5 fr.

L. Weber.
Vers le positivisme absolu par l'idéalisme. 7 fr. 50

ÉCONOMIE POLITIQUE — SCIENCE FINANCIÈRE

COLLECTION DES PRINCIPAUX ÉCONOMISTES

Enrichie de commentaires, de notes explicatives et de notices historiques

(COLLECTION GUILLAUMIN.)

MÉLANGES (1re PARTIE)

David Hume. *Essai sur le commerce, le luxe, l'argent, les impôts, le crédit public, sur la balance du commerce, la jalousie commerciale, la population des nations anciennes.* — **V. de Forbonnais.** *Principes économiques.* — **Condillac.** *Le commerce et le gouvernement.* — **Condorcet.** *Lettres d'un laboureur de Picardie à M. N**** (Necker). — *Réflexions sur l'esclavage des nègres.* — *Réflexions sur la justice criminelle.* — *De l'influence de la révolution d'Amérique sur l'Europe.* — *De l'impôt progressif.* — **Lavoisier.** *De la richesse territoriale du royaume de France.* — **Franklin.** *La science du bonhomme Richard* et ses autres opuscules. 1 vol. grand in-8. . . . . 10 fr.

MÉLANGES (2e PARTIE)

Necker. *Sur la législation et le commerce des grains.* — **L'abbé Galiani.** *Dialogues sur le commerce des blés* avec la *Réfutation* de l'abbé **Morellet.** — **Montyon.** *Quelle influence ont les diverses espèces d'impôts sur la moralité, l'activité et l'industrie des peuples?* — **Bentham.** *Défense de l'usure.* 1 vol. gr. in-8. . . . . 10 fr.

RICARDO

Œuvres complètes. Les œuvres de Ricardo se composent : 1° des **Principes de l'économie politique et de l'impôt.** — 2° Des ouvrages ci-après : *De la protection accordée à l'agriculture.* — *Plan pour l'établissement d'une banque nationale.* — *Essai sur l'influence du bas prix des blés sur les profits du capital.* — *Proposition pour l'établissement d'une circulation monétaire économique et sûre.* — *Le haut prix des lingots est une preuve de la dépréciation des billets de banque.* — *Essai sur les emprunts publics*, avec des *notes.* 1 vol. in-8. . . . . 10 fr.

J.-B. SAY

Cours complet d'économie politique pratique. 2 vol. grand in-8. 20 fr.

J.-B. SAY

Œuvres diverses : *Catéchisme d'économie politique.* — *Lettres à Malthus et correspondance générale.* — *Olbie.* — *Petit volume.* — *Fragments et opuscules inédits.* 1 vol. grand in-8. . . . . 10 fr.

ADAM SMITH

Recherches sur la nature et les causes de la richesse des nations, traduction de G. GARNIER. 5e édition, augmentée. 2 vol. in-8. . . . 16 fr.

DICTIONNAIRE DU COMMERCE

DE L'INDUSTRIE ET DE LA BANQUE

DIRECTEURS :

MM. Yves GUYOT et Arthur RAFFALOVICH

2 volumes grand in-8. Prix, brochés. . . . . 50 fr.
— — reliés. . . . . 58 fr.

Cet ouvrage peut s'acquérir en envoyant un mandat-poste de 10 fr., au reçu duquel est faite l'expédition du livre, et en payant le reste, soit 40 fr., en quatre traites de 10 fr. chacune, de deux mois en deux mois. (*Pour recevoir l'ouvrage relié ajouter 8 fr. au premier paiement.*)

COLLECTION DES ÉCONOMISTES ET PUBLICISTES CONTEMPORAINS

FORMAT IN-8.

VOLUMES RÉCEMMENT PUBLIÉS

ANTOINE (Ch.). **Cours d'économie sociale.** 4e édition, revue et augmentée. 1 vol. in-8. . . . . 9 fr.

ARNAUNÉ (Aug.), ancien directeur de la Monnaie, conseiller maître à la Cour des comptes. **La monnaie, le crédit et le change.** 1 vol. in-8. 4e édition, revue et augmentée. . . . . 8 fr.

COLSON (C.), de l'Institut. **Cours d'économie politique**, professé à l'École nationale des ponts et chaussées.

Livre I. — *Théorie générale des phénomènes économiques.* 2e édition revue et augmentée. . . . . 6 fr.
— II. — *Le travail et les questions ouvrières.* 3e tirage. . . 6 fr.
— III. — *La propriété des biens corporels et incorporels.* 2e tirge. 6 fr.
— IV. — *Les entreprises, le commerce et la circulation.* 2e tirge. 6 fr.
— V. — *Les finances publiques et le budget de la France.* . 6 fr.
— VI. — *Les travaux publics et les transports.* . . . . 6 fr.
— SUPPLÉMENT ANNUEL (1910) aux *Livres IV, V et VI*, broch. in-8. 1 fr.

COURCELLE-SENEUIL, de l'Institut. **Traité théorique et pratique des opérations de banque.** *Dixième édition, revue et mise à jour*, par A. LIESSE, professeur au Conservatoire des arts et métiers. 1 vol. in-8. . 9 fr.

EICHTHAL (Eugène d'), de l'Institut. **La formation des richesses et ses conditions sociales actuelles**, *notes d'économie politique.* . . 7 fr. 50

LEROY-BEAULIEU (P.), de l'Institut. **Traité théorique et pratique d'économie politique.** 5e édition. 5 vol. in-8. . . . . 36 fr.

MARTIN-SAINT-LÉON (E.), conservateur de la bibliothèque du Musée Social. **Histoire des corporations de métiers**, *depuis leurs origines jusqu'à leur suppression en 1791*, suivie d'une étude sur l'*Évolution de l'Idée corporative de 1791 à nos jours* et sur le *Mouvement syndical contemporain.* Deuxième édition, revue et mise au courant. 1 fort vol. in-8. (*Couronné par l'Académie française*) . . . . 10 fr.

NEYMARCK (A.). **Finances contemporaines.** — Tome I. *Trente années financières, 1872-1901.* 1 vol. in-8, 7 fr. 50. — Tome II. *Les budgets, 1872-1903.* 1 vol. in-8, 7 fr. 50. — Tome III. *Questions économiques et financières, 1872-1904.* 1 vol. in-8, 10 fr. — Tomes IV-V : *L'obsession fiscale, questions fiscales, propositions et projets relatifs aux impôts depuis 1871 jusqu'à nos jours.* 2 vol. in-8 (1907). . . . . 15 fr.

NOVICOW (J.). **Le problème de la misère et les phénomènes économiques naturels.** 1 vol. in-8. . . . . 7 fr. 50

PAUL-BONCOUR. **Le fédéralisme économique et le syndicalisme obligatoire**, préface de WALDECK-ROUSSEAU. 1 vol. in-8. 2e édit . . 6 fr.

RAFFALOVICH (A.). **Le marché financier.** France, Angleterre, Allemagne, Russie, Autriche, Japon, Suisse, Italie, Espagne, États-Unis. Questions monétaires. Métaux précieux. Années 1891. 1 vol. 5 fr. 1892. 1 vol. 5 fr. 1893 à 1894 1 vol. 6 fr. 1894-1895 à 1896-1897. Chacune 1 vol. 7 fr. 50; 1897-1898 à 1901-1902, chacune 1 vol. 10 fr.; 1902-1903 à 1909-1910, chacune 1 vol. . . . . 12 fr.

STOURM de l'Institut. *Cours de finances.* **Le budget, son histoire et son mécanisme.** 6e édition. 1 vol. in-8. . . . . 10 fr.

WEULERSSE (G.). **Le mouvement physiocratique en France de 1856 à 1770** 2 vol. in-8 (1910). . . . . 25 fr.

PRÉCÉDEMMENT PARUS

BANFIELD, Prof à l'Univ. de Cambridge. **Organisation de l'industrie**, traduit par M. EMILE THOMAS. 1 vol. in-8. . . . . 6 fr.

BAUDRILLART (H.), de l'Institut. **Philosophie de l'économie politique.** *Des rapports de l'économie politique et de la morale.* 2e éd. in-8. 9 fr.

BLANQUI, de l'Institut. **Histoire de l'économie politique en Europe**, *depuis les Anciens jusqu'à nos jours*, 5e édition. 1 vol. in-8. . . 8 fr.

BLOCK (M.), de l'Institut. **Les progrès de la science économique depuis** Adam Smith. 2ᵉ édit. augmentée. 2 vol. in-8 . . . . 16 fr.
BLUNTSCHLI. **Le droit international codifié.** Traduit de l'allemand par M. C. Lardy, 5ᵉ édition, revue et augmentée. 1 vol. in-8. . . . 10 fr.
— **Théorie générale de l'État**, traduit de l'allemand par M. de Riedmatten. 3ᵉ édition. 1 vol. in-8. . . . . 9 fr.
COURCELLE-SENEUIL, de l'Institut. **Traité théorique et pratique d'économie politique.** 3ᵉ édition, revue et corrigée. 2 vol. in-18. 7 fr.
COURTOIS (A.). **Histoire des banques en France.** 2ᵉ édition. 1 v. in-8. 8 fr. 50
FAUCHER (L.), de l'Institut. **Études sur l'Angleterre.** 2 vol. in-8. 6 fr.
FIX (Th.). **Observations sur l'état des classes ouvrières.** in-8. . 5 fr.
GROTIUS. **Le droit de la guerre et de la paix.** 3 vol. in-8. . 12 fr. 50
HAUTEFEUILLE. **Des droits et des devoirs des nations neutres en temps de guerre maritime.** 3ᵉ édit. refondue. 3 forts vol. in-8. 22 fr. 50
— **Histoire des origines, des progrès et des variations du droit maritime international.** 2ᵉ édition. 1 vol. in-8. . . . . 7 fr. 50
LEROY-BEAULIEU (P.), de l'Institut. **Traité de la science des finances.** 7ᵉ édition, revue, corrigée et augmentée. 2 forts vol. in-8. . 25 fr.
— **Essai sur la répartition des richesses** et sur la tendance à une moindre inégalité des conditions. 3ᵉ édit., revue et corrigée. 1 vol. in-8. 9 fr.
— **L'État moderne et ses fonctions.** 3ᵉ édition. 1 vol. in-8. . . . 9 fr.
— **Le collectivisme,** *examen critique du nouveau socialisme.* — *L'Évolution du Socialisme depuis 1895.* — *Le syndicalisme.* 5ᵉ édit., revue et augmentée. 1 vol. in-8. . . . . 9 fr.
— **De la colonisation chez les peuples modernes.** 6ᵉ édition. 2 vol. in-8. 20 fr.
LIESSE (A.), professeur au Conservatoire national des arts et métiers. **Le travail** *aux points de vue scientifique, industriel et social.* 1 vol. in-8. . . . . 7 fr. 50
MORLEY (John). **La vie de Richard Cobden**, traduit par Sophie Raffalovich. 1 vol. in-8. . . . . 8 fr.
PASSY (H.), de l'Institut. **Des formes de gouvernement et des lois qui les régissent.** 2ᵉ édition. 1 vol. in-8. . . . . 7 fr. 50
PRADIER-FODERÉ. **Précis de droit administratif.** 7ᵉ édition, tenue au courant de la législation. 1 fort vol. in-8. . . . . 10 fr.
RICHARD (A.). **L'organisation collective du travail**, préface par Yves Guyot. 1 vol. grand in-8. . . . . 6 fr.
ROSSI (P.), de l'Institut. **Cours d'économie politique**, 5ᵉ édition. 4 vol. in-8. . . . . 15 fr.
— **Cours de droit constitutionnel**, 2ᵉ édition. 4 vol. in-8. . . . . 15 fr.
STOURM (R.), de l'Institut. **Les systèmes généraux d'impôts.** 3ᵉ édition revisée et mise au courant. 1 vol. in-8 . . . . . . *En préparation.*
VIGNES (Édouard). **Traité des impôts en France.** 4ᵉ édition, mise au courant de la législation, par M. Vergniaud. 2 vol. in-8. . . . 16 fr.
VILLEY (Ed.). **Principes d'Économie politique.** 3ᵉ édit. 1 vol. in-8. 10 fr.

BIBLIOTHÈQUE DES SCIENCES MORALES ET POLITIQUES

Format in-18 jésus.

VOLUMES RÉCEMMENT PUBLIÉS.

BOURDEAU (J.). — **Entre deux servitudes.** *Démocratie, socialisme, syndicalisme, impérialisme, les étapes de l'internationale socialiste, opinions de sociologues.* 1 vol. in-16. . . . . 3 fr. 50
BROUILHET (Ch.). — **Le conflit des doctrines dans l'économie politique contemporaine.** 1 vol. in-16. . . . . 3 fr. 50
DEPUICHAULT. — **La Fraude successorale par le procédé du compte-joint.** Préface de M. Paul Leroy-Beaulieu. 1 vol. in-16 . . . 3 fr. 50
DUGUIT (L.). — **Le droit social, le droit individuel et la transformation de l'État.** 1 vol. in-16, 2ᵉ édit. . . . . 2 fr. 50
LESEINE (L.) et SURET (L.). — **Introduction mathématique à l'étude de l'économie politique.** 1 vol. in-16 avec figures. . . . . . . 3 fr.

NOUEL (R.). — **Les Sociétés par actions**, *leur réforme*, préface de P. Baudin. 1 vol. in-16. . . . . 3 fr. 50

PAWLOWSKI (A.). — **La Confédération générale du travail.** *Ses origines, son organisation, ses tendances, ses moyens d'action et son avenir.* Préface de J. Bourdeau. 1 vol. in-16 . . . . 2 fr. 50

PETIT (Ed.). — **De l'Ecole à la Cité.** *Études sur l'éducation populaire.* 1 vol. in-16 . . . . 3 fr. 50

Politique budgétaire en Europe (La). — *Les tendances actuelles, Allemagne, France, Grande-Bretagne, Empire Ottoman, Russie,* par MM. Emile Loubet, S.-A. Hussein, Hilmi Pacha, André Lebon, Georges Blondel, Raphael-Georges Lévy, A. Raffalovich, Charles Laurent, Charles Picot, Henri Gans. 1 vol. in-16 . . . . . 3 fr. 50

PRÉCÉDEMMENT PARUS

AUCUY (M.). **Les systèmes socialistes d'échange.** Avant-propos de M. A. Deschamps, prof. à la Faculté de Droit de Paris. 1 vol. in-16 3 fr. 50

BASTIAT (Frédéric). **Œuvres complètes**, précédées d'une *Notice* sur sa vie et ses écrits. 7 vol. in-18. . . . . 24 fr. 50

I. *Correspondance.* — *Premiers écrits.* 3e édition, 3 fr. 50; — II. *Le Libre-Echange.* 3e édition, 3 fr. 50; — III. *Cobden et la Ligue.* 4e édition, 2 fr. 50; — IV et V. *Sophismes économiques.* — *Petits pamphlets.* 6e édit. 2 vol., 7 fr.; — VI. *Harmonies économiques.* 9e édition, 3 fr. 50; — VII. *Essais.* — *Ébauches.* — *Correspondance.* . . . . 3 fr. 50

Les tomes IV et V seuls ne se vendent que réunis.

CHALLAYE. **Syndicalisme révolutionnaire et syndicalisme réformiste.** 1 vol. in-16. . . . . 2 fr. 50

CIESZKOWSKI (A.). **Du crédit et de la circulation.** 3e édit. in-18. 3 fr. 50

COURCELLE-SENEUIL (J.-G.). **Traité théorique et pratique d'économie politique.** 3e édit. 2 vol. in-18. . . . . 7 fr.

— **La société moderne.** 1 vol. in-18. . . . . 5 fr.

DOLLEANS. **Robert Owen (1771-1858).** Avant-propos de M. E. Faguet, de l'Académie française. 1 vol. in-18, avec gravures. . . . . 3 fr. 50

EICHTHAL (E. d'), de l'Institut. **La liberté individuelle du travail et les menaces du législateur.** 1 vol. in-16. . . . . 2 fr. 50

Forces productives de la France (Les). Conférences organisées par la Société des anciens élèves de l'Ecole libre des sciences politiques, par MM. P. Baudin, P. Leroy-Baulieu, Millerand, Roume, J. Thierry, E. Allix, J.-C. Charpentier, H. de Peyerimhoff, P. de Rousiers, D. Zolla. 1 vol. in-16. . . . . 3 fr. 50

FREEMAN (E.-A.). **Le développement de la constitution anglaise, depuis les temps les plus reculés jusqu'à nos jours.** 1 vol. in-18. . . 3 fr. 50

GAUTHIER (A.-E.), sénateur, ancien ministre. **La réforme fiscale par l'impôt sur le revenu.** 1 vol. in-18. . . . . 3 fr. 50

LIESSE, professeur au Conservatoire des arts et métiers. **La statistique, ses difficultés, ses procédés, ses résultats.** 1 vol. in-18. . . 2 fr. 50

— **Portraits de financiers.** Ouvrard, Mollien, Gaudin, Baron Louis, Corvetto, Laffite, De Villèle. 1 vol. in-18. . . . . 3 fr. 50

MARGUERY (E.). **Le droit de propriété et le régime démocratique.** 1 vol. in-18. . . . . 2 fr. 50

MERLIN (R.), biblioth. archiviste du Musée social. **Le contrat de travail, les salaires, la participation aux bénéfices.** 1 v. in-18. . . . 2 fr. 50

MILHAUD (Mlle Caroline). **L'ouvrière en France,** *sa condition présente, réformes nécessaires.* 1 vol. in-18. . . . . 2 fr. 50

MILHAUD (Edg.), professeur d'économie politique à l'Université de Genève. **L'imposition de la rente.** *Les engagements de l'Etat, les intérêts du crédit public, l'égalité devant l'impôt.* 1 vol. in-16. . 3 fr. 50

MOLINARI (G. de), correspondant de l'Institut. **Questions économiques à l'ordre du jour.** 1 vol. in-18 . . . . 3 fr. 50

— **Les problèmes du XXe siècle.** 1 vol. in-18. . . . . 3 fr. 50

— **Théorie de l'Evolution.** *Economie de l'histoire.* 1 vol. in-16. 3 fr. 50

PIC (P.), professeur de législation industrielle à l'Université de Lyon. **La protection légale des travailleurs et le droit international ouvrier.** 1 vol. in-16 . . . . 2 fr. 50

STUART MILL (J.). **Le gouvernement représentatif.** Traduction et *Introduction*, par M. Dupont-White. 3e édition. 1 vol. in-18. 4 fr.

COLLECTION
D'AUTEURS ÉTRANGERS CONTEMPORAINS

Histoire — Morale — Économie politique — Sociologie

Format in-8. (Pour le cartonnage, 1 fr. 50 en plus.)

BAMBERGER. — **Le Métal argent au XIXe siècle.** Traduction par M. RAPHAEL-GEORGES LÉVY. 1 vol. Prix, broché . . . . . . 6 fr. 50

C. ELLIS STEVENS. — **Les Sources de la Constitution des États-Unis** *étudiées dans leurs rapports avec l'histoire de l'Angleterre et de ses Colonies.* Traduit par LOUIS VOSSION. 1 vol. in-8. Prix, broché. 7 fr. 50

GOSCHEN. — **Théorie des Changes étrangers.** Traduction et préface de M. LÉON SAY. *Quatrième édition française* suivie du *Rapport de 1875 sur le paiement de l'indemnité de guerre,* par le même. 1 vol. Prix, broché . . . . 7 fr. 50

HERBERT SPENCER. — **Justice.** *3e édition.* Trad. de M. E. CASTELOT. 1 vol. Prix, broché . . . . 7 fr. 50

HERBERT SPENCER. — **La Morale des différents Peuples et la Morale personnelle.** Traduction de MM. CASTELOT et E. MARTIN SAINT-LÉON. 1 vol. Prix, broché . . . . 7 fr. 50

HERBERT SPENCER. — **Les institutions professionnelles et industrielles.** Traduit par HENRI DE VARIGNY. 1 vol. in-8. Prix, br. 7 fr. 50

HERBERT SPENCER. — **Problèmes de Morale et de Sociologie.** Traduction de M. H. DE VARIGNY. 2e édit. 1 vol. Prix, broché. . 7 fr. 50

HERBERT SPENCER. — **Du Rôle moral de la Bienfaisance.** (*Dernière partie des principes de l'éthique*). Traduction de MM. E. CASTELOT et E. MARTIN SAINT-LÉON. 1 vol. Prix, broché . . . . 7 fr. 50

HOWELL. — **Le Passé et l'Avenir des Trade Unions.** *Questions sociales d'aujourd'hui.* Traduction et préface de M. LE COUR GRANDMAISON. 1 vol. Prix, broché . . . . 5 fr. 50

KIDD. — **L'évolution sociale.** Traduit par M. P. LE MONNIER. 1 vol. in-8. Prix, broché. 7 fr. 50

NITTI. — **Le Socialisme catholique.** Traduit avec l'autorisation de l'auteur. 1 vol. Prix, broché . . . . 7 fr. 50

RUMELIN. — **Problèmes d'Économie politique et de Statistique.** Traduit par AR. DE RIEDMATTEN. 1 vol. Prix, broché. . . . . . 7 fr. 50

SCHULZE GAVERNITZ. — **La grande Industrie.** Traduit de l'allemand. Préface par M. G. GUÉROULT. 1 vol. Prix, broché. . . . . . 7 fr. 50

W.-A. SHAW. — **Histoire de la Monnaie (1252-1894).** Traduit par M. AR. RAFFALOVICH. 1 vol. Prix, broché . . . . 7 fr. 50

THOROLD ROGERS. — **Histoire du Travail et des Salaires en Angleterre depuis la fin du XIIIe siècle.** Traduction avec notes par E. CASTELOT. 1 vol. in-8. Prix, broché . . . . 7 fr. 50

WESTERMARCK. — **Origine du Mariage dans l'espèce humaine.** Traduction de M. H. DE VARIGNY. 1 vol. Prix broché. . . . . . . 11 fr.

A.-D. WHITE. — **Histoire de la Lutte entre la Science et la Théologie.** Traduit et adapté par MM. H. DE VARIGNY et G. ADAM. 1 vol. in-8. Prix, broché . . . . 7 fr. 50

1265-11. — Coulommiers. Imp. PAUL BRODARD. — 9-11.

www.ingramcontent.com/pod-product-compliance
Lightning Source LLC
Chambersburg PA
CBHW060408200326
41518CB00009B/1287
9782013488013